Die Kunst des Aufstiegs

W0077601

Monika Henn

Die Kunst des Aufstiegs

Was Frauen in Führungspositionen kennzeichnet

Campus Verlag
Frankfurt/New York

2., aktualisierte Auflage 2012

Bibliografische Information der Deutschen Nationalbibliothek
Die Deutsche Nationalbibliothek verzeichnet diese Publikation in der Deutschen Nationalbibliografie;
detaillierte bibliografische Daten sind im Internet unter http://dnb.d-nb.de abrufbar.
ISBN 978-3-593-38739-0

Umschlagmotiv: © iStockPhoto.com/Denis Vorob´yev
Druck und Bindung: Beltz Druckpartner, Hemsbach
Gedruckt auf Papier aus zertifizierten Rohstoffen (FSC/PEFC).
Printed in Germany

www.campus.de

Für meine Familie

Inhalt

Teil 1 Frauen und Führung

Teil 2 Studie zu Frauen in Führungspositionen

Vorwort

Jeder Aufstieg in große Höhen
geschieht auf einer Wendeltreppe
Francis Bacon von Verulam

Allein schon mit dem Titel »Die Kunst des Aufstiegs« wird deutlich, dass der Aufstieg von Frauen in Führungspositionen besonderer Fertigkeiten bedarf und nicht automatisch erfolgt. Dies galt bis vor wenigen Jahren uneingeschränkt mit vielen sichtbaren und unsichtbaren Hindernissen auf der Karriereleiter. Die berühmte »gläserne Decke« gebot Frauen auf ihren Karrierewegen Einhalt und ließ viele Frauen eher an sich selbst zweifeln, als die Decke zu durchstoßen. Die zementierten männlichen Mentalitätsmuster auf den verschiedenen Hierarchieebenen in den Unternehmen, die sich zu Rollenbildern und Führungskulturen mit eigenen Ritualen und Habitusformen formiert hatten, verweigerten Frauen lange Zeit den Aufstieg.

Dies hat sich in den letzten Jahren – zumindest auf den ersten Blick – deutlich geändert. Die Zunahme des Anteils von Frauen in Vorstands- und Aufsichtsratspositionen können wir in den Medien mitverfolgen. Bei den 160 börsennotierten DAX-Unternehmen haben sich die Prozentzahlen zwar verbessert; trotzdem sind von diesen 160 Unternehmen 65 komplett ohne Frauen an der Spitze.

Die Unternehmen lassen nachweislich Anstrengungen erkennen, dass sie Frauen für Führungspositionen suchen, aber in absoluten Zahlen sind die Veränderungen marginal. Doch bereits jetzt treten die Männer auf den Plan und fühlen sich in ihrer Karriereplanung durch Frauen deutlich behindert und benachteiligt. Das heißt, der Karriereweg wird für Frauen nicht einfacher, sondern die Konkurrenz der Männer wird härter. Denn jetzt bewerben sie sich gemeinsam um die vergleichsweise wenigen Positionen; Frauen haben derzeit einen gewissen Vorteil. Denn das Thema »Frauenförderung« ist in den Konzernen angekommen und der Wettlauf um weibliche Talente hat begonnen. Das Damoklesschwert des demographischen Wandels sowie der allseits beschworene Fachkräftemangel bringen Frauen auf die Agenda der Personalberater und somit in eine vermeintlich bessere Position.

Eine drohende gesetzlich verordnete Quotenregelung durch die Bundesregierung verstärkt die Unruhe der Unternehmen. Gleichgültig in welcher Form das Gesetz ausgestaltet wird, nur durch die Androhung wird Druck erzeugt und leider führt nur dieser zu Veränderungen. Die Ankündigung der Deutschen Telekom AG aus dem Jahr 2010, eine 30-prozentige Frauenquote in den Führungsebenen zu implementieren sowie die Berufung zwei weiblicher Vorstände im Sommer 2011, verursacht Unbehagen bei vielen Entscheidungsträgern und bringt klare Karrieregefüge und bewährte Entscheidungsmuster nach dem Ähnlichkeitsprinzip durcheinander.

Die seit zehn Jahren bestehende freiwillige Selbstverpflichtung zwischen Politik und Wirtschaftsverbänden zur Erhöhung des Frauenanteils in Führungspositionen ist wirkungslos geblieben: Sie hat ausgedient. Jetzt müssen neue Instrumente definiert werden, um eine nachhaltige Frauenförderung gesetzlich zu verankern. Die europäischen Nachbarn wie Frankreich und Belgien haben Geschlechterquoten eingeführt und die EU-Kommission wird im März 2012 über wirksame Regelungen nachdenken, wenn die Unternehmen bis dahin keine deutlichen Anstrengungen zur verbesserten Teilhabe von Frauen unternommen haben.

Viel relevanter als die diversen Drohkulissen sollten folgende Argumente für die stärkere Teilhabe von Frauen sein: Zum einen steigern gemischte Teams nachweislich die Leistungsfähigkeit der Unternehmen. Zum anderen müssen sich Unternehmen bei den knapper werdenden Personalressourcen um Talente ganz anders bemühen, um als Arbeitgeber für Frauen interessant zu bleiben. Unternehmer können sich eine Vernachlässigung dieser Potenziale wirtschaftlich nicht mehr leisten.

Hier sind auch die Frauen gefordert: Bei der Entscheidung für ein Unternehmen sollte aufmerksam geprüft werden, ob das ins Auge gefasste Unternehmen Frauenförderung ernst nimmt und dies als zentralen Bereich der Unternehmensstrategie ausweist. Ebenso gilt es zu klären, wo die Frauenförderung im Unternehmen angesiedelt ist; ob und wie der CEO sich des Themas annimmt. Sind dies nur medienwirksame Verlautbarungen, die derzeit im Trend liegen, im Unternehmen aber zu keiner Veränderung führen und nicht gelebt werden, bleibt der Aufstieg für Frauen gleich schwer, trotz veränderter Vorzeichen.

Bei den sich wandelnden Anforderungen an die Unternehmen haben allerdings auch die Frauen in den Führungspositionen für junge, aufstrebende gut ausgebildete Frauen eine entscheidende Vorbildfunktion, damit diese nicht ob der immer noch zahlreichen, häufig sehr subtilen Hindernisse auf den Karriereleitern mutlos werden. Hierzu sollten die Frauen, die es geschafft haben, sich nachhaltig verpflichtet fühlen und dies auch öffentlich machen.

Viele Frauen nehmen hierzu jedoch eine zurückhaltende Haltung ein und möchten mit dem Thema nicht in Verbindung gebracht werden. Neben den fehlenden weiblichen Vorbildern wird auch die notwendige Förderung nicht ernsthaft verfolgt; während junge männliche Kandidaten nicht nur gefördert, sondern auch befördert werden, erfahren Frauen immer noch Behinderungen auf ihrem Karriereweg.

Für viele Frauen ist es nur schwer zu akzeptieren, dass Karrierewege nicht allein über Leistung, Präsenz, Qualität und unermüdlichen Fleiß geebnet werden: Netzwerke, Selbstmarketing und Mentoren sind entscheidende Bausteine für den Aufstieg und auch der dazugehörige Machtwille. Die Kunst des Aufstiegs zu beherrschen heißt auch, Klarheit über die eigene Beziehung zur Macht zu gewinnen und die Verbesserung der Selbstpositionierung anzustreben, sowie die männlichen Verhaltensmuster zu durchschauen, um mit ihnen weniger angestrengt, sondern spielerischer umgehen zu können.

Welche Qualitäten brauchen Frauen für Führungspositionen und was unterscheidet sie von gleich qualifizierten Mitarbeiterinnen? Gibt es relevante Merkmale, die den Weg auf der Karriereleiter erleichtern, die Führungsverhalten beeinflussen oder gar Voraussetzung dafür sind?

Monika Henns Forschungsergebnisse zeigen, dass sich die Persönlichkeitsstrukturen von weiblichen Führungspersönlichkeiten und Mitarbeiterinnen, die nicht in Leitungsfunktionen aufgestiegen sind, signifikant unterscheiden, obwohl sie gleich gut qualifiziert sind. Aufstiegskompetenz gehört danach zu den entscheidenden Kriterien für die Karriere. Diese Kompetenz gilt es stärker in den Fokus zu rücken. Doch Aufstiegskompetenz ist nicht gleichzusetzen mit Führungskompetenz – deshalb gilt: erst die Kombination dieser beiden Fähigkeiten macht eine gute Führungspersönlichkeit aus.

Für Frauen, die sich für den Karriereweg entschieden haben, gilt trotz nachweislicher Kompetenzen: »Der Weg bleibt steinig, aber der Aufstieg lohnt sich!«

Monika Schulz-Strelow

Präsidentin von FidAR, Frauen in die Aufsichtsräte e. V., die Initiative, die mit dem Ziel angetreten ist, mehr Frauen in die Aufsichtsräte zu bringen.

Einleitung

»In Deutschland werden die drei Ks – Kinder, Küche, Kirche –
ja bekanntlich hochgehalten. Dabei ist Karriere auch ein
schönes K-Wort.«

Vladimir Spidla, EU-Sozialkommissar

Das Thema »Frauen und Führung« in Deutschland

Einiges hat sich seit dem Erscheinen der 1. Auflage meines Buches im Jahr
2008 in Deutschland getan. Das Thema »Frauen in Führungspositionen«
hat große Aufmerksamkeit gewonnen, sowohl in der Politik, als auch in der
Wirtschaft. Ein Umdenken findet vielerorts statt und viele Unternehmen
bemühen sich, Frauen für Führungspositionen zu gewinnen.

Damals hatten wir einen weiblichen Vorstand in einem Dax-Unternehmen, inzwischen sind es vier. »Damit haben wir innerhalb eines Jahres
(Frühjahr 2010 bis Frühjahr 2011) eine Steigerung um 400 Prozent erreicht!« Natürlich ernte ich mit dieser scherzhaften Aussage Empörung.
Denn Tatsache bleibt: Nur 2,8 Prozent der Vorstandsposten der 200 größten deutschen Unternehmen sind mit weiblichen Vorständen besetzt.

Deutschland ist – was Frauen in Führungspositionen anbelangt – nach
wie vor ein Entwicklungsland. So urteilte auch die Bundesarbeitsministerin
Ursula von der Leyen unlängst in einem Interview, der Fortschritt bei der
Frauenquote in der Wirtschaft sei nur mit der Lupe erkennbar. Eine Beteiligung der Frauen im Management von 30 Prozent, so Frau von der Leyen,
sei nicht der Untergang des Abendlandes.

Frauen sind vor allem in den obersten Führungsetagen der Wirtschaft
unterrepräsentiert. In den Aufsichtsräten kommen sie, soweit vertreten,
noch immer vor allem aus der Arbeitnehmerschaft. Auch Hans-Olaf Henkel, ehemaliger Präsident des BDI (Bundesverband der deutschen Industrie), bezeichnet dies als »Armutszeugnis für die deutsche Wirtschaft«.
Dieser Zustand sei ein Zeugnis offenkundiger Zukunftsunfähigkeit. Eine
Nation, die 50 Prozent ihres hochschulgebildeten Humankapitals zur Kinderbetreuung nach Hause schicke, trete zum globalen Wettbewerb besser
gar nicht mehr an.

Gesellschaftlicher Wandel braucht Zeit und gesellschaftliche Rollen definieren sich nicht über Nacht neu. Interessant ist in diesem Zusammenhang, dass in Ostdeutschland mehr Frauen in Führungspositionen sind als in Westdeutschland. In der DDR war es üblich, dass Frauen einer Erwerbstätigkeit nachgingen, während die Kinderbetreuung staatlich geregelt war. Diese Selbstverständlichkeit prägt auch heute noch das Selbstverständnis der Frauen und deren gesellschaftliche Rolle, und damit vermutlich auch den höheren Anteil an Frauen im Management.

Das traditionelle Rollenverständnis prägt unser Denken stärker als wir oft wahrhaben wollen. In diesem Zusammenhang bemerkenswert sind die neueren Forschungsergebnisse der Psychologieprofessorin Una Röhr-Sendlmeier an der Universität Bonn. Sie fand heraus, dass Kinder von Müttern, die berufstätig sind und einen hohen Schulabschluss haben, bessere Leistungen in der Schule erbringen. Ebenso schneiden diese Kinder bei Kriterien wie Neugier, Bereitschaft sich anzustrengen, Selbstständigkeit und Teamfähigkeit besser ab als Kinder, deren Mütter Hausfrauen sind. Die Professorin führt den Vorteil der Kinder von berufstätigen Müttern auf die Faktoren Imitation, Stimulation, Instruktion und Motivation zurück.

Momentan sind in Deutschland nach Angaben des Statistischen Bundesamtes nur rund 60 Prozent der Mütter berufstätig; bei den 30-jährigen Frauen liegt der Anteil sogar nur bei 45 Prozent und bei den Müttern mit Kleinkindern im Krippenalter geht nicht einmal jede Dritte einer bezahlten Arbeit nach. Im internationalen Vergleich hinkt Deutschland anderen Ländern hinterher. In Schweden beispielsweise sind etwa 80 Prozent aller Mütter berufstätig, und zwar meist in Vollzeit.

Der Arbeitsmarkt hat sich verändert. Aufgrund der demographischen Entwicklung ist der Führungs- und Fachkräftemangel keine theoretische Größe mehr, sondern spürbar und erlebbar geworden. Deshalb können Firmen sich die bisherige Rekrutierungs- und Besetzungspraxis, die weibliche Potenzialträger nicht adäquat berücksichtigt hat, nicht mehr erlauben. Genau genommen hatten wir bisher eine Männerquote.

Auch zieht die Generation Y allmählich in die Unternehmen ein. Die Generation Y wird als qualifiziert, selbstbewusst und extrem anspruchsvoll beschrieben. Sie ist global orientiert, mit dem Internet aufgewachsen, technisch versiert und gut vernetzt. Die Generation Y weiß die Kraft der Demographie hinter sich, sucht spannende Jobs, gute Gehälter und schnelle Aufstiegsmöglichkeiten. Gleichzeitig legt sie viel Wert auf flexible Arbeitsstrukturen und eine sinnvolle Integration des Privatlebens. Unternehmen sind stärker denn je gefordert, an ihrer Arbeitgebermarke zu arbeiten, und zwar nicht nur für Frauen, sondern auch für junge Männer.

In der 1. Auflage meines Buches habe ich die Problematik der Präsenzkultur und deren Auswirkungen auf Frauen beschrieben. Es freut mich, dass der Begriff »Präsenzkultur« Einzug in die Diskussion gefunden hat. Eine Abkehr von der Präsenzkultur und stattdessen die Entwicklung hin zu einer ergebnisorientierten und leistungsbezogenen Führungskultur steht mittlerweile in vielen Firmen auf der Agenda. Bei dieser Diskussion ist es nötig, zwischen »Anwesenheit« und »Erreichbarkeit« zu differenzieren. Mitarbeiter, die im Homeoffice arbeiten, sind zwar nicht anwesend, aber durchaus erreichbar.

Unternehmen bemühen sich um Frauen in Führungsfunktionen nicht nur aufgrund des demographischen Wandels, sondern auch, weil sie »Mixed Leadership« anstreben. Denn in einigen, längst nicht in allen, Unternehmen sind inzwischen die Ergebnisse der Studie »Woman Matter« bekannt. Die Unternehmensberatung McKinsey fand in ihrer Studie über weibliche Führungskräfte heraus, dass Firmen mit einem hohen Frauenanteil im Vorstand um 48 Prozent höhere Gewinne (vor Zinsen und Steuern) erwirtschaften als der Branchendurchschnitt. Auch das amerikanische Gender-Forschungs- und Beratungsinstitut Catalyst ermittelte bei einer Analyse der 500 größten börsennotierten Firmen in den USA eine bis zu 53 Prozent höhere Eigenkapitalrendite bei Unternehmen mit Frauen an der Führungsspitze. Nach einer Studie der Vereinten Nationen erzielten Großfirmen mit weiblichen Vorständen 42 Prozent höhere Verkaufsgewinne und deutlich bessere Renditen aus Investitionen.

Nachweislich steigen die Unternehmenserträge bereits dann, wenn mindestens drei Frauen zum Vorstand gehören. Drei Frauen müssen es jedoch sein, damit sie sich vor dem Hintergrund der traditionellen Machtstrukturen Geltung verschaffen können. Die klassische Einzelkämpferin kann ebenso wenig verändern wie die Alibifrau (vgl. Henn, 2009).

In Anbetracht dieser unternehmerischen Notwendigkeiten investieren Unternehmen zunehmend in Maßnahmen zur Förderung weiblicher Potenzialträger. Zum Maßnahmen-Mix gehören sowohl sinnvolle, frauenspezifische Maßnahmen wie auch Awareness-Workshops zum Thema Gendermanagement für Führungskräfte. In diesem Zusammenhang hat meine Unterscheidung in »Aufstiegskompetenz« und »Führungskompetenz« viel Anklang gefunden. Denn manche Frau ist zwar für Führung geeignet, aber aufgrund vieler verschiedener Faktoren nicht in gleichem Maße wie ein Mann in der Lage, in eine Führungsposition zu gelangen. Die familienfreundlichen Maßnahmen, in die Unternehmen teilweise investiert haben, ermöglichten es Frauen bislang nur, überhaupt erwerbstätig zu sein; sie ermöglichten es ihnen aber noch lange nicht, Karriere zu machen!

Geeignete Maßnahmen betreffen also drei Handlungsschwerpunkte: die Rahmenbedingungen, das Management und die Frauen selbst. Das bedeutet im Einzelnen:

Die Strukturen und Rahmenbedingungen müssen so gestaltet werden, dass sie es Frauen ermöglichen, sich im Beruf zeitlich noch mehr zu engagieren. Vielfach wird immer noch von »Work-Life-Balance« gesprochen. Dieser Begriff ist irreführend und suggeriert eine zeitliche Balance der verschiedenen Lebensbereiche. Da es aber nur um eine Verzahnung und Integration der verschiedenen Aufgabenbereiche gehen kann, was flexible Arbeitszeiten und Arbeitsorte erfordert, halte ich den Begriff »Work-Life-Integration« für sinnvoller.

Das Management muss ein Bewusstsein und Verständnis für das unterschiedliche wahrnehmen, empfinden und agieren von Frauen und Männern im Arbeitsalltag entwickeln. Manager müssen ihr eigenes Führungsverhalten reflektieren und lernen, das Potenzial von Frauen zu erkennen, zu fördern und für das Unternehmen zu nutzen. Sie müssen also genderspezifisch führen.

Frauen müssen an ihrer Aufstiegskompetenz arbeiten und dürfen nicht erwarten, dass das Unternehmen und das Management von selbst auf sie zu kommen. Auch sie müssen den Schritt aus der Komfortzone wagen.

Die Einführung einer Frauenquote kann nur eine Zielvorgabe sein; sie stellt keine Maßnahme an sich dar. Bei der Zieldefinition empfiehlt es sich qualifizierte, spezifische, auf den Bereich bezogene, erreichbare, wenn auch anspruchsvolle Kennzahlen zu definieren, und nicht eine generelle Prozentzahl zu verkünden.

In manchen Unternehmen fühlen sich die männlichen Mitarbeiter (»male and white«) aufgrund der Diversity-Bemühungen inzwischen auf dem Abstellgleis. Das ist ein ernstzunehmendes Thema, denn sonst findet das statt, was in großen Konzernen bei Veränderungsprozessen häufig passiert: »The empire strikes back!« Deshalb kann ich nur davor warnen, Frauen zu befördern, die für den jeweiligen Job nicht ausreichend qualifiziert sind.

In Deutschland sind Frauen im Vergleich zu anderen Ländern (Skandinavien, Frankreich, Belgien) – wie bereits beschrieben – seltener berufstätig und bekommen auch weniger Kinder, auch wenn im Jahre 2010 nach Angaben des Statistischen Bundesamts eine Trendwende begonnen hat und die Geburtenrate gestiegen ist.

So empfahl das IAB (2006) bereits vor sechs Jahren, den Fokus nicht nur auf die erhöhte Beteiligung von Frauen am Erwerbsleben zu richten, sondern auch auf Maßnahmen, die Frauen den Aufstieg in hohe Positionen ermöglichen und damit auf Karriereentwicklung angelegt sind. Dazu nennt es folgende Maßnahmen:

– Mentoring-Programme,
– formalisierte Karrierenetzwerke,
– geschlechtersensible Förderung des Führungsnachwuchses,
– Verbesserung der Vereinbarkeit von Beruf und Familie,
– Verhinderung einer längeren Unterbrechung im Job,
– Verbesserung der Kinderbetreuung,
– betriebliche Arbeitsbedingungen, die den Flexibilisierungswünschen von Familien stärker entgegenkommen.

Familienbewusste Personalpolitik hat folgende betriebswirtschaftliche Vorteile: Erhöhung der Arbeitszufriedenheit und der Produktivität, Rekrutierung und Bindung qualifizierter Mitarbeiter, geringerer Krankenstand und geringere Fluktuation. Maßnahmen wie zum Beispiel Wiedereinstiegsprogramme für Beschäftigte in Elternzeit, Teilzeitangebote und Telearbeit wirken sogar kostensenkend. Die Kostensenkungen ergeben sich aus den Einsparungen bei der Wiederbeschaffung, Überbrückung und Wiedereingliederung. Denn gerade die Wiederbeschaffungskosten steigen mit dem Qualifikationsniveau der MitarbeiterInnen und der Bedeutung ihrer Tätigkeit für das Unternehmen.

Der Kurzbericht vom September 2011 des IAB (2011) konstatiert, dass der Anteil der Frauen an den Beschäftigten in den letzten zehn Jahren zwar zugenommen hat, dass aber viele Frauen gerne länger arbeiten würden und bei teilzeitbeschäftigten Frauen noch ein beachtliches Arbeitspotenzial bestehe.

Es gibt viele strukturelle Faktoren, die den beruflichen Aufstieg von Frauen verhindern. Der Mangel an Frauen in Führungspositionen liegt aber eben auch an den Frauen selbst. So stellt sich die Frage, welche Faktoren eine Rolle spielen, die das Verhalten, das Denken und die Einstellungen der Frauen prägen und die das Erreichen von Führungsfunktionen behindern? Oder andersherum gefragt: Was kennzeichnet Frauen in Führungspositionen?

Grundlage dieses Buches

Grundlage dieses Buches ist eine an der Universität Regensburg am Lehrstuhl für Psychologie, Prof. Dr. Marianne Hammerl, als Dissertation angenommene Arbeit. Sie befasst sich mit der Frage: Was kennzeichnet Frauen in Führungspositionen? Worin unterscheiden sie sich von anderen, gleich gut qualifizierten Frauen auf Mitarbeiterebene? Bisher gibt es zwar Studien, in denen Frauen und Männer in Betrieben miteinander verglichen werden, dies ist jedoch die erste Studie, in der Frauen mit Frauen verglichen werden.

Dazu habe ich eine deutschlandweite Untersuchung in Wirtschaftsunternehmen durchgeführt, und zwar sowohl in Unternehmen der Dienstleistungsbranche als auch in solchen der Produktionsbranche. So waren in der Dienstleistungsbranche Firmen wie zum Beispiel Telekom, T-Mobile, O2, Lufthansa, Deutsche Post, Allianz, Commerzbank, HypoVereinsbank, SEB, Börse München oder Microsoft vertreten. Aus der Produktionsbranche nahmen unter anderem Frauen der Firmen Sick, Henkel, Cognis, L'Oreal, Continental, Epcos, Toyota, Renault-Nissan, VOSS und Rodenstock an der Untersuchung teil.

Befragt wurden insgesamt 125 Frauen, immer zwei Personen aus demselben Umfeld: eine weibliche Führungskraft und eine Mitarbeiterin. Bei den Frauen in Führungspositionen handelte es sich um Vorstände, Geschäftsführerinnen und Führungskräfte in Großunternehmen. Wichtig war dabei, dass die Befragten ihre Karriere innerhalb der Unternehmen gemacht hatten und dass sie nicht ein eigenes Unternehmen gegründet oder das Unternehmen geerbt hatten. Es wäre eine völlig andere Ausgangsposition, von Anfang an in einer Führungsposition gewesen zu sein und sich nicht auf dem Weg nach oben in einem Unternehmen im Konkurrenzkampf mit anderen durchgesetzt zu haben. Bei den Mitarbeiterinnen handelte es sich um Frauen, die keine Führungsaufgabe hatten bzw. die Fachlaufbahn eingeschlagen hatten.

Die Untersuchung besteht aus zwei Teilen: Zum einen wurden circa eineinhalbstündige, halbstandardisierte Interviews durchgeführt. Zum anderen wurde das Fragebogenverfahren »Bochumer Inventar zur Persönlichkeitsbeschreibung« (BIP) von Rüdiger Hossiep und Michael Paschen (2003) eingesetzt. Dieser Fragebogen erfasst vierzehn berufsbezogene Persönlichkeitsmerkmale, die als erfolgsrelevant im beruflichen Kontext gelten. Der BIP ist im deutschsprachigen Raum ein anerkanntes und häufig eingesetztes Verfahren im Coaching und Training sowie als Ergänzung zur Personalauswahl.

Im Interview wurden Daten zu folgenden Themenbereichen erhoben: Ausbildung/Studium; Unterstützung seitens der Firma und des privaten Umfeldes; Zeitgestaltung; Motivation zum Führen; Erfahrungen mit dem Aufgabenbereich »Führen«; Umgang mit Netzwerken und Macht; Aussagen zu Themen wie: Selbstbewusstsein und Eigenmarketing, Misserfolg und Selbstkritik, Aussehen und Kleidung, Vision und Innovation sowie zu »Sonstigem«.

Die Studie zeigte sehr viele Unterschiede zwischen den beiden Gruppen »weibliche Führungskraft« und »Mitarbeiterin«. Beide Gruppen waren von der Qualifikation her vergleichbar, unterschieden sich aber in elf von 14 gemessenen Persönlichkeitseigenschaften in bedeutendem Ausmaß (statistisch signifikant). Auch bei der Beantwortung der Interviewfragen sind bedeutsame Unterschiede zwischen beiden Gruppen aufgetreten. Geringfügige Unterschiede ergaben sich auch bei der branchenspezifischen Betrachtung.

Insgesamt ergaben die Interviews, dass sehr viele Faktoren im beruflichen wie auch im privaten Kontext »stimmen« müssen, damit eine Frau eine Führungsposition erreichen kann. Weibliche Führungskräfte sind aber keine Ausnahmefrauen. Sie machen jedoch den Beruf zum Schwerpunkt ihres Lebens, oder sie sind dazu gefordert, dies zu tun. Gleichzeitig beherrschen sie die »Spielregeln im Business« besser als Mitarbeiterinnen. Viele Zitate von weiblichen (Top-)Führungskräften in Teil 3 des Buches verdeutlichen die Situation dieser Frauen und die Bedingungen, Karriere zu machen.

Ziel und Aufbau des Buches

Aufgrund der demographischen Entwicklung wird das Arbeitskräfteangebot immer geringer. Dies kann unter anderem durch eine höhere Frauenerwerbstätigkeit kompensiert werden. Auch der Trend- und Zukunftsforscher Matthias Horx prognostiziert den Megatrend ›Frauen‹, das heißt, dass sich die Rolle und Bedeutung von Frauen in Gesellschaft und Wirtschaft verändern werden. In Zeiten des demographischen Wandels und des Fach- und Führungskräftemangels ist es also von existentieller Bedeutung, das Frauen-Potenzial zu heben und zu nutzen.

Das Buch ist für Frauen – für weibliche Nachwuchskräfte und für Frauen in Führungspositionen – sowie für Führungskräfte, Diversity Manager und Personalentwickler in den Unternehmen geschrieben.

Weibliche Nachwuchskräfte können von den Erfahrungen der (Top-) Managerinnen profitieren. Dabei handelt es sich nicht um Einzelmeinungen, sondern um wissenschaftlich abgesicherte und statistisch signifikante Aussagen. Erfolgsfaktoren für den Weg in die Führungsetagen werden aufgezeigt. Natürlich bedeutet »Kennen« nicht gleich »Können« und »Buch-Lesen« nicht gleich »Karriere-Machen«. Aber dieses Buch kann wertvolle Anregungen für den eigenen persönlichen Entwicklungsweg geben. Weitere Maßnahmen, wie der Besuch geeigneter Seminare oder die Durchführung von Einzelcoachings, sind ebenso sinnvoll.

Managerinnen erhalten einen Überblick über alle relevanten Aspekte des Themas »Frauen und Führung«, und sie können ihre eigenen Erfahrungen vor diesem Hintergrund reflektieren. Dabei können sie feststellen, inwieweit ihre eigenen Erfahrungen mit denen anderer Frauen korrespondieren. So klärt sich die Frage, welche Erfahrungen personenspezifisch sind und welche durch die Gesamtsituation oder die Rahmenbedingungen bedingt sind. Denn den Frauen in Führungspositionen begegnen im Vergleich zu männlichen Kollegen zusätzliche Anforderungen und Herausforderungen, die sie bewältigen müssen. Das Buch hilft, Fettnäpfchen und Fallstricke zu vermeiden und Weichen für den eigenen weiteren Karriereweg richtig zu stellen.

Führungskräfte, Diversity Manager und Personalentwickler müssen bei ihrer Führungs- und Personalarbeit berücksichtigen, dass der Mangel an Frauen in Führungspositionen nicht auf fehlende Führungskompetenz der Frauen, sondern auf mangelnde Aufstiegskompetenz zurückzuführen ist. Diese Erkenntnis gilt es in entsprechende Maßnahmen umzusetzen, um rechtzeitig auf den gesellschaftlichen Umbruch und die Veränderungen auf dem Arbeitsmarkt vorbereitet zu sein.

Das Buch ist in drei Teile gegliedert. In Teil 1 werden alle relevanten Aspekte zum Thema »Frauen und Führung« dargestellt. Teil 2 beinhaltet meine Studie mit ihren Ergebnissen. In Teil 3 werden aus diesen Ergebnissen Schlussfolgerungen gezogen, und aufgezeigt, wie Frauen den Weg in Führungsetagen schaffen können. Diese Hinweise werden mit Zitaten der interviewten weiblichen (Top-)Führungskräfte untermauert. Das Buch muss nicht in der üblichen Reihenfolge gelesen werden. Gerne kann man mit Teil 3 beginnen, dann Teil 2 sichten und das Gelesene mit Teil 1 vertiefen.

Teil 1
Frauen und Führung

Der Begriff Führung und Anforderungen an Führungskräfte

Wenn man die Persönlichkeit von Frauen in Führungsfunktionen untersuchen möchte, stellt sich die Frage: Was ist Führung, und was wurde bisher zum Thema Führung geforscht? Denn natürlich ist es nötig, bestimmten Anforderungen gerecht zu werden, um in Führungspositionen zu gelangen. Und wenn man den Weg in die Führungsetagen erklimmen will, muss man sich im Klaren sein, was erwartet wird. Was bedeutet eigentlich »Führung« und welche Anforderungen werden an Führungskräfte gestellt? Für den Begriff Führung gibt es zahlreiche Definitionen, die sich ergänzen und so die verschiedenen Aspekte des komplexen Prozesses aufgreifen. Deshalb werden hier mehrere Definitionen aufgeführt:

Schon vor circa 30 Jahren definierte Dr. Reinhard Baumgarten in seinem Buch zu Führungsstilen und Führungstechniken Führung so: »Führung ist jede zielbezogene, interpersonelle Verhaltensbeeinflussung mit Hilfe von Kommunikationsprozessen« (Baumgarten 1977: 9).

Zielorientierung und die strukturierte Arbeitssituation wird in der Definition von Rolf Wunderer, Professor an der Universität St. Gallen, und Wolfgang Grunwald berücksichtigt: »Führung in Organisationen: Zielorientierte soziale Einflussnahme zur Erfüllung gemeinsamer Aufgaben in/mit einer strukturierten Arbeitssituation« (Wunderer & Grunwald 1980: 62).

Die Interaktion von Führungskräften und MitarbeiterInnen, also auch der Einfluss der MitarbeiterInnen auf den Führungsprozess wird 20 Jahre später von Rolf Wunderer berücksichtigt: »Führung wird als zielorientierte, wechselseitige und soziale Beeinflussung zur Erfüllung gemeinsamer Aufgaben in und mit einer strukturierten Arbeitssituation definiert. Sie vollzieht sich zwischen hierarchisch unterschiedlich gestellten Personen« (Wunderer 2000: 19).

Lutz von Rosenstiel, inzwischen emeritierte Professor am Lehrstuhl Organisationspsychologie in München, formuliert eine sehr umfassende

Definition: »Führung ist zielbezogene Einflussnahme (Rosenstiel, Molt & Rüttinger 1988). Die Geführten sollen dazu bewegt werden, bestimmte Ziele, die sich meist aus den Zielen des Unternehmens ableiten, zu erreichen. Konkret kann ein derartiges Ziel beispielsweise in der Erhöhung des Umsatzes, in der Verbesserung des Betriebsklimas oder in der Unterstreichung bestimmter Qualitätsstandards bestehen. Die Wege dieser Einflussnahme sind jedoch höchst unterschiedlich. Gliedert man grob, so ist auf zwei Arten besonders hinzuweisen, die in sich wiederum vielfach ausdifferenziert werden können. Es handelt sich dabei einerseits um die Führung durch Strukturen, andererseits um die Führung durch Personen« (Rosenstiel 2003b: 4).

Führung ist also ein Thema, das schon viele Jahrzehnte von Interesse ist und nicht an Aktualität eingebüßt hat. Schließlich stellt sich immer wieder neu die Frage: Wie kann ich eine gute Führungskraft sein? Besonderer Aktualität auf Grund der demographischen Entwicklung und dem daraus resultierenden Fach- und Führungskräftemangel erfreut sich das Thema Frauen und Führung. Können nicht auch Frauen verstärkt Führungspositionen übernehmen? Warum sind so wenige Frauen in Führungspositionen?

Anforderungen an Führungskräfte

Führungskräfte, egal ob weiblich oder männlich, müssen also dem Begriff Führung gerecht werden, wenn sie die Rolle der Führungskraft in einer Gruppe übernehmen. Führungskompetenz innerhalb der Gruppe wird ebenso erwartet wie das Vertreten der Gruppe bzw. der Abteilung innerhalb der Organisation. Darüber hinaus muss die Führungskraft im gesamten Kontext, das heißt Kunden, Wettbewerb und Marktgeschehen, ihrer Führungsrolle gerecht werden.

Nach Fred Becker (2002), Professor für Wirtschaftwissenschaften an der Universität Bielefeld, sind Anforderungen Soll-Vorstellungen über diejenigen menschlichen Voraussetzungen, die von einer spezifischen Aufgabenstellung im situativen Kontext ausgehen und die von einem Stelleninhaber erfüllt sein müssen, damit er diese Aufgabe hinreichend bewältigen kann. Die Anforderungen gehen von zukünftig zu erreichenden Zielen aus, den zu ihrer Erreichung notwendigen Aktivitäten, dem dazu benötigten

Leistungsverhalten und den zur Aufgabenerfüllung erforderlichen Interaktionsbeziehungen (Berthel 1995). Nun gibt es kein allgemein gültiges Anforderungsprofil für Führungskräfte. Die Anforderungen an diese sind in der heutigen schnelllebigen Unternehmenswelt sehr hoch und weisen zahlreiche Facetten auf. Oswald Neuberger (2002), inzwischen emeritierter Professor des Lehrstuhls für Personalwesen an der Universität Augsburg, schreibt, dass die Anforderungen sich unterscheiden je nach hierarchischer Position (Gruppenleiter/in oder Vorstandsmitglied), nach Funktion (Produktion oder Vertrieb), nach Branche (Produktion oder Dienstleistung), nach Unternehmensgröße (Familienbetrieb oder Großkonzern) und nach Technologie (zum Beispiel Grad der Computerisierung). Diese Einflussgrößen stellen unterschiedliche Aufgaben und erfordern damit andere Fähigkeiten zu deren Lösung. Auch die notwendige Ausprägung der einzelnen Kompetenzen wird differieren.

Als erforderlich werden folgende Fähigkeiten in jeder Führungsposition angesehen, auch wenn die notwendige Ausprägung und optimale Kombination dieser Aspekte durch die individuell auszuübende Arbeitsaufgabe bestimmt wird. Erika Regnet (2003), Professorin für Betriebswirtschaft an der Fachhochschule Würzburg, formuliert folgende Anforderungen:

Klassische Anforderungen
Neben der Fachkompetenz bleiben klassische Anforderungen wie Intelligenz, analytisches Denkvermögen, Einsatzbereitschaft, Loyalität und Begeisterungsfähigkeit bestehen.

Kommunikative Kompetenz
Führungskräfte können nicht einfach nur Anweisungen geben, sondern sie müssen auch im Gespräch und durch eigenes Vorbild begeistern und überzeugen. Zuhören, Informationsgewinn und Feedback von den Mitarbeitern (auch in institutionalisierter Form) sind ebenso von Bedeutung.

Teamarbeit
Die zunehmende Interdependenz und die erhöhte Komplexität der Aufgaben erfordern interdisziplinäres Denken und Arbeiten. Teamarbeit, auch abteilungs- und projektgruppenübergreifende, gehört zum Arbeitsalltag.

Partizipation
Bedingt durch den in der Gesellschaft stattfindenden Wertewandel und durch das generell gestiegene Bildungsniveau wünschen Mitarbeiter und Mitarbeiterinnen, in Planungs- und Entscheidungsprozesse miteinbezogen zu werden.

Konfliktmanagement
Konflikte und Spannungen treten im Miteinander von Menschen zwangsläufig auf und müssen gemanagt, das heißt gelöst, vermieden, überbrückt oder unterdrückt werden (vgl. Domsch/Regnet 1990).

Management of Diversity
Die Mitarbeiter unterscheiden sich zunehmend hinsichtlich Geschlecht, Alter, Nationalität und ethnischer Zugehörigkeit. Akzeptanz und Toleranz, Sensibilität und Flexibilität im Umgang mit andersartigen Menschen sind gefordert.

Ganzheitliches, systemisches Denken und Flexibilität
Schlecht determinierte Probleme mit unbeabsichtigten Folgen und Nebenwirkungen treten im heutigen Unternehmensalltag vermehrt auf. Führungskräfte müssen diesen Anforderungen mit einem ganzheitlichen und systemischen Denkansatz gerecht werden. Geschicktes, innovatives und flexibles Reagieren auf Unbestimmtheit und Komplexität ist gefordert.

Kreativität
Kreatives Problemlösen steht im Vordergrund, nicht mehr die den Vorschriften gemäße Aufgabenerledigung. Freiräume und eine Fehlerkultur sind gute Voraussetzungen dafür (Regnet 2003).
Transparenz und Authentizität
Weiterhin beschreibt Heidrun Friedel-Howe (2003) einen Anforderungswandel im Management nicht nur in Richtung auf größere Sozialkompetenz, sondern auch in Richtung auf Transparenz und Authentizität des Führungsverhaltens.

Lebenslanges Lernen
Kontinuierliche Weiterqualifikation, Mithalten im Umgang mit neuen Technologien und Anforderungen (siehe zum Beispiel Management of Diversity) sind unerlässlich, um zu bestehen.

Interkulturelle Managementfähigkeiten
Sprachkompetenzen reichen nicht aus, um in einem globalen Markt international erfolgreich zu sein. Sensibilität für fremde Kulturen und die Flexibilität, sich im Verhalten und der Kommunikation auf andere Personen einstellen zu können, sind gefordert.

Innovationsmanagement
Dieter Gebert (2002), Professor für Betriebswirtschaftslehre an der TU Berlin, formuliert die gegenwärtigen Anforderungen an die Führung, die in einem sich verschärfenden Wettbewerb einen immer enger werdenden Kosten- und Zeitrahmen vorfindet. Die Führungskraft muss, um mit ihrem Unternehmen wettbewerbsfähig zu sein und zu bleiben, durch Innovation (Hauschildt 1997) zur qualitativen Verbesserung der Produkte und Dienstleistungen der Organisation gegenüber internen und externen Kunden beitragen. Daneben sind Prozess- bzw. Verfahrensinnovationen bedeutsam. Neue Schlüsselkompetenzen für Führungskräfte sind unter anderem die Befähigung zur Freisetzung und Durchsetzung von Innovationen oder die Befähigung zum Ausbalancieren widersprüchlicher Handlungsanforderungen.

Vermitteln von Sinn und Vision
Anna Maria Pircher-Friedrich (2001), Professorin für Human Resources Management am Management Center Innsbruck, betont in ihrem Ansatz die sinnorientierte Führung, die auf einem ganzheitlichen Menschenbild (Körper, Psyche, Geist) basiert. Ihr ganzheitliches Leadership-Konzept in Anlehnung an Hans Hinterhuber und Eric Krauthammer (1997) wird getragen von den Säulen »Visionär sein« (Überzeugen und Dienen), »Vorbild sein« (Kommunizieren und Bewegen) und »Schaffen von Werten« (Gewinn- und Kostenbewusstsein) und basiert auf dem »Willen zum Sinn« (Grundhaltungen und Motivations- und Leistungsbedingungen für Sinnerfüllung). Auch Peter Senge (1996), Leiter des Center for Organizational Learning am MIT, Massachusetts Institute of Technology, berücksichtigt die »Entwicklung einer gemeinsamen Vision« bei seinen fünf Komponenten, die eine lernende Organisation benötigt. Als weitere Komponenten beschreibt er »Systemdenken«, »Personal Mastery« – die Disziplin der Selbstführung und Persönlichkeitsentwicklung –, »mentale Modelle« und »Team-Lernen«.

Bei beiden zuletzt genannten Theorien zu Führung von Anna Maria Pircher-Friedrich und Peter Senge haben »Sinn«, »Wert« und »Vision« eine große Bedeutung. Senge (1996: 282) schreibt:

»Visionen« sind seit einigen Jahren groß in Mode, und viele Führungskräfte haben diese Mode mitgemacht. Sie haben eine Unternehmensvision mitgemacht. Sie haben eine Unternehmensvision entwickelt und Absichtserklärungen formuliert. Sie haben sich bemüht, alle Mitarbeiter zur Teilnehmerschaft zu bewegen. Aber der erwartete Anstieg der Produktivität und der Wettbewerbsfähigkeit ist häufig ausgeblieben. Die Folge ist eine wachsende Unzufriedenheit mit der Vision und dem Visionsprozeß. (Senge 1996: 282)

Nach Peter Senge (1996) liegt das Problem nicht in der Vision, sondern in der reaktiven Haltung gegenüber der bestehenden Realität. Die Menschen sind nicht überzeugt, dass sie ihre Zukunft selbst gestalten können, sondern sie meinen, dass ihre Probleme durch den Feind »da draußen« oder »durch das System« verursacht werden. Senge (1996: 283) schreibt weiter: »Wenn wir besser verstehen, welche Kräfte unsere gegenwärtige Realität formen, und wo wir die Hebel ansetzen müssen, um diese Kräfte zu beeinflussen, entsteht daraus eine neue Art von Zuversicht.«

Die Anforderungen an Führungskräfte sind also, wie bisher beschrieben, mannigfach und vielseitig. Neben der Fach- und Managementkompetenz sind soziale Fähigkeiten und Selbstkontroll-Kompetenz gefordert. Hohe Anforderungen an die Persönlichkeit und ihre Autorität zur Menschenführung werden gerade in der Zukunft gestellt. Erika Regnet (2003) schlägt vor, die Suchperspektive nach geeigneten Führungskräften zu erweitern, das heißt auch auf die Ressourcen der Geistes- und Sozialwissenschaftler zurückzugreifen. Meiner Meinung nach ist es vor allem sinnvoll, auch die Gruppe der Frauen mehr zu berücksichtigen.

Wichtig ist es jedoch, sich nicht nur Gedanken zu machen über die Anforderungen, die an Führungskräfte gestellt werden, sondern auch darüber wie man in Führungspositionen gelangt. Sind es wirklich die gleichen Verhaltensweisen und Kompetenzen, die man braucht, um Führungskraft in wirtschaftlichen Organisationen, vor allem in Großunternehmen, zu werden wie die, um eine gute Führungskraft zu sein? Wohl eher nicht. Interessant ist schließlich, dass Frauen es eher in kleinen und mittelständischen Unternehmen schaffen, in Führungspositionen zu gelangen (IAB 2006).

Anforderungen, um Führungskraft zu werden

Führungskraft zu werden erfordert andere Kompetenzen, als Führungskraft zu sein. So unterscheidet auch Heidrun Friedel-Howe (2003), Professorin für Organisationspsychologie an der Universität der Bundeswehr in München, in ihrem Kapitel »Frauen und Führung: Mythen und Fakten« zwischen den »Mythen im Vorfeld des Aufstiegs« und »Mythen um die Frau im Management«. Sie sieht sowohl Anzeichen für ein »Selbstunterschätzungssyndrom« bei den Frauen als auch ein Nichtbeherrschen des Aufstiegs»spiels«. Sie schreibt:

Verschiedene Untersuchungen fanden, daß die Frauen zwar in ihren allgemeinen Karriereorientierungen (Karriereplanung u.ä.) nicht unbedingt hinter den Männern zurückstehen, daß sie aber die Bedeutung der »informalen« Karriereaktivitäten in Form mikropolitischen Verhaltens falsch einschätzen (z. B. Pazy 1987). Zu sehr vertrauen sie darauf, daß »gute Leistungen« für den (schließlichen) Aufstieg reichen, und übersehen, daß es – im Sinne von Karriere-Taktik – die »richtigen« Leistungen sein müssen, die man zum »richtigen« Zeitpunkt in die Aufmerksamkeit der »richtigen« Leute zu rücken weiß; eine Grundregel des Aufstiegs»spiels«, die die Männer sehr viel besser beherrschen bzw. befolgen bereit sind. (Friedel-Howe 2003: 536)

Zusätzlich werden überhöhte Leistungsansprüche an die Frauen gestellt. Sie schreibt weiter:

Zum ersten sind sie überhöhten Leistungsansprüchen ausgesetzt. Sie müssen »besser« sein als die männlichen Kollegen, um das Gleiche zu erreichen, bzw. erreichen sie es nicht, wenn sie »nur« Gleiches leisten […]. Zum zweiten haben es Frauen im Führungsnachwuchs schwer, Zugang zum »informalen Förderungsnetz« zu finden. Die Männer versuchen, »unter sich zu bleiben« […] und die Frauen sind zumeist zu wenige und zu wenig einflussreich, um einander (aufstiegs-)wirksam zu unterstützen […]. (Friedel-Howe 2003: 536)

Die Diskussion um den Anforderungswandel im Management in Richtung auf größere Sozialkompetenz, Transparenz und Authentizität des Führungsverhaltens lässt sogar befürchten, dass die Aufstiegs»effizienz« in unseren Unternehmen oft ein schlechter Prädiktor (Faktor zur Vorhersage) für die spätere Führungseffizienz ist. Denn Aufstiegs»effizienz« und Führungseffizienz erfordern zum Teil konträre Verhaltensweisen.

Konkurrenzverhalten, Selbstmarketing und Networking sind beispielsweise Verhaltensweisen, die wichtig sind, um in Führungspositionen zu gelangen. Diese Verhaltensweisen wurden in den Interviews dieser Studie thematisiert und diese Aspekte werden weiter unten ausgeführt. Ebenso wird weiter unten das »Old Boys Network« dargestellt, das den Aufstieg von Frauen behindert.

Als Managementtrainerin frage ich mich oft, warum sich der Anteil der Teilnehmerinnen in meinen Seminaren über fast zwei Jahrzehnte nicht erhöht hat. Das gewohnte Bild in einem Managementseminar sind zwei bis drei Teilnehmerinnen und neun bis zehn Teilnehmer. Oder gar eine reine Männerrunde. Durch die vorliegende Studie wurde klar, wie wichtig es ist, zwischen Aufstiegseffizienz und Führungseffizienz zu unterscheiden. Frauen könnten auch in Wirtschaftsunternehmen gute Führungskräfte sein, so wie sie es auch im Privatbereich sind. Man denke an die Fernsehwerbung, in der die Familienmanagerin als Rolle dargestellt und gezeigt wird. Aber sie schaffen es aus vielfältigen Gründen gar nicht, in die Führungspositionen zu gelangen.

Die bisherige Forschung zu Führung

Bisher habe ich den Begriff Führung definiert und aufgezeigt, welchen Anforderungen eine Führungskraft gerecht werden muss. Dabei wurde verdeutlicht, dass die Anforderungen und damit auch die Schwierigkeiten im Vorfeld des Aufstiegs sich durchaus unterscheiden von denen, die sich in Managementfunktionen ergeben. Die Führungsforschung war bisher aufgrund der Gegebenheiten in den Unternehmen auf Männer bezogen. Im Lauf der Jahrzehnte konzentrierte sich die Forschung auf verschiedene Aspekte und wurde in zunehmendem Maße der Komplexität des Forschungsgegenstandes »Führung« gerecht. Eine Gesamtdarstellung der Führungstheorien findet man bei Lutz von Rosenstiel (2003b). Er schreibt in dem Artikel »Grundlagen der Führung« über Führung und Kriterien des Führungserfolgs, die Person des Führenden und die Dimensionen des Führungsverhaltens, die Berücksichtigung der Situation, die symbolische Führung und die Unternehmenskultur.

In der Führungsforschung wurden auch unterschiedliche Ansätze entwickelt. Dieter Gebert und Lutz von Rosenstiel (2002) geben einen Überblick über die gegenwärtige Entwicklung der Führungsforschung vom personalistischen Ansatz, über Fragen des Führungsverhaltens und Führungserfolges hin zur Berücksichtigung der Situation, weiterhin der symbolischen Führung, der visionär-charismatischen Führung und dem Führen mit Zielen.

Führung wurde auch aus verschiedenen Perspektiven betrachtet: Dieter Gebert (2002) beispielsweise beschreibt die Entwicklung der Forschung zu Führung aus der Perspektive des Führenden, aus der Perspektive der Geführten und schließlich aus der Perspektive der Interaktion zwischen Führendem und Geführten.

Bei dem Thema »Frauen und Führung« ergeben sich ganz neue Themenstellungen, die bei der bisherigen Führungsforschung keine Relevanz hatten. Diese werden in diesem Buch dargestellt. Neueste Erkenntnisse in der Führungsstilforschung sind in dem Abschnitt »Weiblicher Führungsstil« (siehe unten) beschrieben.

Oswald Neuberger hat in seinem Standardwerk »Führen und führen lassen« in der 6. Auflage erstmalig ein großes Kapitel »Frauen und Führung« aufgenommen. In diesem erläutert er die Gleichheitstheorie (Frau und Mann sind gleich), die Differenztheorie (Frau und Mann sind nicht gleich), und die Dekonstruktion (Frau und Mann sind soziale Konstrukte). Diese Grundstruktur wird im Folgenden übernommen, jedoch mit weiteren relevanten Punkten ausgestaltet.

Die Gleichheitstheorie: Frau und Mann sind gleich

Nach der so genannten Gleichheitstheorie sind die Frauen den Männern gleichberechtigt und gleichwertig. Deshalb wird Chancengerechtigkeit, Chancengleichheit bis hin zur Gleichstellung gefordert. Da diese jedoch nicht gegeben sind, müssen korrigierende Maßnahmen durchgeführt werden, die zusammenfassend als Frauenförderung bzw. Gleichstellungspolitik bezeichnet werden. Die Frauenförderung bzw. Gleichstellungspolitik geht von folgenden Voraussetzungen aus:

Gleiche Potenziale

Frauen und Männer haben nach diesem Ansatz die gleichen Potenziale. Janet Hyde (2005), Professorin für Psychologie an der University of Wisconsin, kommt in ihrer Meta-Analyse zu dem Schluss, dass Männer und Frauen in der Gesamtbevölkerung bezüglich der meisten psychologischen Variablen nicht unterschiedlich sind. Ausnahmen bestehen bei motorischem Verhalten (zum Beispiel Wurfdistanz) und bei einigen sexuellen Aspekten. Bei Aggressionsverhalten besteht ebenso ein Geschlechtsunterschied, aber kein großer bezüglich der Bandbreite.

Trotz dieser Ergebnisse halten sich jedoch die Geschlechtsstereotype, was also als typisch »Frau« und typisch »Mann« angesehen wird, recht konstant.

Wie sieht es beim Führungsverhalten aus? Frühere Untersuchungen, in denen Männer und Frauen in Führungspositionen verglichen wurden, konnten keine signifikanten Unterschiede zwischen Männern und Frauen bezüglich den Merkmalen Dominanz, soziales Auftreten, Eigenständigkeit, Verantwortlichkeit, Selbstbeherrschung, guter Eindruck, Konventionalität und Leistung durch Anpassung nachweisen (Weinert 1990). Hier kommt zum einen die Selektion zum Tragen: Nur bestimmte Frauen erreichen Führungspositionen. Zum anderen liegt es an der Modifikation: Führungskräfte wachsen in ihre Rolle hinein. Sie erwerben nötiges Verhalten, Fähigkeiten und Qualifikationen (Neuberger 2002). Nicht vergessen darf man dabei jedoch die weiter oben angeführte Unterscheidung zwischen Aufstiegseffizienz und Führungseffizienz. Die Bedeutsamkeit zwischen diesen beiden Begriffen zu unterscheiden, ist ein wichtiges Ergebnis dieser vorliegenden Studie. Bezüglich der Aufstiegseffizienz scheint die Gruppe der »Männer« der Gruppe der »Frauen« überlegen (Friedel-Howe 2003).

Bei anderen Merkmalen sind bereits nach Ansfried Weinert (1990), Professor an der Universität der Bundwehr in Hamburg, Frauen in Führungspositionen den Männern in Führungspositionen überlegen, nämlich bezüglich Erfolgspotenzial, Mitgefühl, soziale Anpassung, Toleranz, Leistung durch Unabhängigkeit, Rationalität/Intuition und Arbeitsorientierung.

Noch deutlichere Unterschiede zeigen sich bei der aktuellen Metaanalyse von Alice Eagly und Linda Carli (2007), amerikanische Professorinnen für Psychologie, die im Abschnitt »weiblicher Führungsstil« dargestellt ist.

Ausgehend von der Gleichheitstheorie muss es wohl an strukturellen Gründen und Barrieren liegen, dass Frauen und Männer nicht in gleichem Maße in Führungspositionen vertreten sind. Diese werden im Folgenden dargestellt.

Strukturelle Barrieren

Für die strukturellen Barrieren, denen Frauen begegnen müssen, werden zwei Argumentationen angeführt. Die erste betrachtet Männer und Frauen als Humankapital eines Unternehmens und die zweite Argumentation betrachtet die Auswirkungen des »Patriarchats«.

Humankapitaltheoretische Argumentation

Diese Argumentation betrachtet Frauen und Männer als Humankapital eines Unternehmens. Unternehmen stellen Arbeitskräfte ein, investieren in sie durch Einarbeitung und Weiterbildung und möchten dabei geringe Transaktionskosten und eine hohe Verzinsung ihrer Investition (Humankapital) erreichen. Der Gruppe »Frauen« wird unterstellt, dass sie Kinder bekommt und dass die Frauen zumindest vorübergehend aus dem Unternehmen ausscheiden, weniger mobil sind und höhere familienbedingte Fehlzeiten haben (zum Beispiel Versorgung kranker Kinder, Leistungsminderung durch Doppelbelastung).

Dies muss in vielen Fällen nicht stimmen, doch der Aufwand, die Angaben in Testverfahren, Überwachungen, Aufdecken von Täuschungsmanövern zu prüfen, wäre sehr hoch bzw. wegen gesetzlicher Verbote gar nicht möglich. Deshalb werden den Frauen im Bewerbungsprozess um eine Stelle die vermuteten durchschnittlichen Eigenschaften der Gruppe »Frauen« zugeschrieben. Dadurch erhöht sich beim Entscheidungsprozess die Wahrscheinlichkeit des Fehlurteils, dass eigentlich geeignete Bewerberinnen abgelehnt und ungeeignete Bewerber akzeptiert werden.

Man kann aufgrund des gleichen Ausbildungsniveaus bei der Teilpopulation Frauen und bei der Teilpopulation Männer von einer annähernd gleichen Fähigkeitsverteilung ausgehen. In der heutigen Praxis kommt es allerdings dazu, dass die Teilpopulation Männer »überausgeschöpft« wird, das heißt Bewerber mit geringeren Fähigkeiten eingestellt werden und die Teilpopulation »Frauen« »unterausgeschöpft« wird, das heißt Qualifikationen ungenutzt bleiben. Dies wird in der Literatur mit dem Begriff »statistische Diskriminierung« bezeichnet.

Weiterhin hat diese Einstellungspraxis eine Rückwirkung auf die Arbeitplatznachfrage von Frauen. Weil der Gruppe »Frauen« die attraktiven Stellen vorenthalten wird, wird nicht in ihre Qualifikation investiert, so dass die Frauen dann die billigeren, weniger anspruchsvollen und nicht karriereträchtigen Arbeitsplätze einnehmen müssen. Dies wiederum führt zu niedrigeren Einkommen, so dass es für die Familie lohnender ist, dem Mann die Erwerbstätigkeit zu überlassen.

Für qualifizierte Frauen gilt jedoch nicht mehr das klassische Drei-Phasen-Modell (Neuberger 2002):

1. Ausbildung und Arbeit.
2. Jahrelange Familienpause: Verbunden mit Veralten der Technologie-Kenntnisse, Veralten der Methoden-Beherrschung, Nicht-mehr-eingebunden-sein in Netzwerke und Kontakte, Reduzierung des Selbstbewusstseins.
3. Wiedereintritt als ältere Arbeitskraft mit veralteten Kenntnissen, verringerter Flexibilität und kürzerer Gesamtnutzungsdauer.

Denn viele Frauen bekommen keine Kinder mehr. Zweiundvierzig Prozent der Akademikerinnen des Jahrgangs 1965 haben bisher keine Kinder und bekommen voraussichtlich auch keine mehr. Und viele Frauen bleiben im Beruf, trotz der Geburt von Kindern. Der Mythos, eine gute Mutter müsse 24 Stunden am Tag für ihren Nachwuchs zur Verfügung stehen, wird durch Studien der Kleinkindforschung widerlegt (Ahnert 2004). Ein Baby oder Kleinkind kann eine Bindung zu zwei oder drei Personen (zum Beispiel Mutter, Vater, Tagesmutter oder Großeltern) entwickeln, die es sehr wohl unterscheiden kann (Grossmann/Grossmann 2004). Deshalb ist eine Fremdbetreuung neben Mutter und Vater schon im ersten Lebensjahr bei sorgsamer Auswahl und langsamem Eingewöhnen in die neue Umgebung möglich.

Neuerdings werden auch immer ältere Frauen Erstgebärende; das heißt, sie werden erst mit Anfang 40 Mutter, also zu einem Zeitpunkt, zu dem die berufliche Karriere schon weit gediehen ist. Nach Dr. Stephanie Saleth (2005), FamilienForschung Baden-Württemberg, entwickeln Frauen mit hoher Qualifikation, mit dadurch längeren Ausbildungszeiten sowie aufgrund ungünstiger struktureller Gegebenheiten, eine gesteigerte Arbeitsmarktorientierung. Sie realisieren den Kinderwunsch erst später oder gar nicht.

Die Transaktionskosten sind darüber hinaus gerade bei qualifizierten Männern nicht geringer. Männer planen ihre Karriere strategisch, wechseln das Unternehmen zugunsten des nächsten Karriereschritts, werden abgeworben oder machen sich selbständig. Die dadurch entstehenden höheren Transaktionskosten werden schlicht übersehen.

Fehlzeiten, bedingt durch Krankheit, sind bei qualifizierten Tätigkeiten ohnehin niedrig, bei Männern und Frauen ähnlich hoch und im Vergleich zu anderen Ausfällen zu vernachlässigen (Neuberger 2002). Fehlzeiten, bedingt durch Krankheit eines Kindes, ließen sich leicht auffangen durch Nutzung eines bereits existierenden Telearbeitsplatzes (Laptop, Email-Anschluss, Handy). Gerade diese technischen Möglichkeiten finden noch zu wenig Anwendung. Es ist zwar üblich, auf Geschäftsreisen mit Zug oder Flugzeug davon Gebrauch zu machen, aber es erfordert doch ein erhebliches Umdenken, dies auch in familienbedingten Situationen zu tun und damit familienfreundlichere Arbeitsplätze zu gestalten.

Patriarchale Argumentation

Im Patriarchat leistet die Gruppe »Frauen« unbezahlte und die Gruppe »Männer« bezahlte Arbeit. Die Männer als Gruppe sind den Frauen vorgeordnet. Oswald Neuberger (2002: 776) schreibt:

> Wenn dennoch besser ausgebildete, fähigere und motiviertere Frauen gegenüber Männern benachteiligt werden, schlagen patriarchale Relikte durch, weil alte familiale Strukturen weiterexistieren (unbezahlte Hausarbeit, Erziehungsarbeit, Versorgungsarbeit etc.), die Männer zur günstigeren Investition machen, wenn/weil Frauen für sie unbezahlte (genauer: indirekt und schlecht bezahlte) Reproduktionsarbeit leisten. (Neuberger 2002: 776)

Neben den alten familiären Strukturen haben sich als Konsequenz weitere Strukturen entwickelt, durch die es sich im statistischen Durchschnitt nicht mehr lohnt, schlechtere Männer den besseren Frauen vorzuziehen, allen voran die »Double income, no kids-Haushalte«. Hinzu kommen Single-Haushalte und Haushalte mit einem allein erziehenden qualifizierten Elternteil (zum Beispiel mit großelterlicher Unterstützung oder Unterstützung durch eine Tagesmutter) neben den herkömmlichen Kernfamilien (Vater, Mutter, Kinder). Auch der Anteil der erstgebärenden Frauen ab 40 Jahren wird zunehmend größer. Erst wenn beruflich viel erreicht ist, wird mit der Familiengründung begonnen (Saleth 2005).

Um die Auswirkungen des Patriarchats zu korrigieren, sind Maßnahmen der Frauenförderung bzw. Gleichstellung ersonnen worden. Leider hat die eine oder andere Maßnahme einen Bumerang-Effekt erzeugt, was im folgenden Abschnitt zur Frauenförderung erläutert wird.

Frauenförderung

Neben dem Grundrecht auf Gleichberechtigung kann die deutsche Gesellschaft schon aus volkswirtschaftlichen Gründen die Bevorzugung von Männern in Unternehmen nicht mehr hinnehmen. Die Volkswirtschaft und die Sozialsysteme brauchen sowohl mehr Kinder als auch mehr qualifizierte Frauen, die dem Arbeitsmarkt zur Verfügung stehen. Ohnehin ist es wirtschaftlich unrentabel, in die Ausbildung und in das Studium von Frauen zu investieren, ohne dann den »Ertrag« zu nutzen.

Viele bereits erprobte Maßnahmen der Frauenförderung sind kritisch zu hinterfragen, da sie offenbar einen negativen Effekt auf die Einstellungspolitik der Unternehmen haben. Dazu gehört zum Beispiel die Möglichkeit, nach der Geburt eines Kindes für drei Jahre »Elternzeit« zu nehmen. Dieser Zeitraum ist für viele Unternehmen nicht zu überbrücken, und diese Lösung ist daher schlecht planbar. Die Folge ist, dass Frauen als potentielle Mütter von vorneherein bei Karriereplanungen nicht im gleichen Maße wie Männer berücksichtigt werden.

Das entsprechende Gesetz zur Elternzeit hat nicht nur normativen Charakter, sondern impliziert auch für Eltern, dass es normal sei, so lange aus dem Berufsleben auszusteigen. Doch die vielfältigen Schwierigkeiten bei einer Rückkehr in den Beruf sind vielen nicht klar.

Auch heute gilt noch, was bereits Christiane Schiersmann (1993), Professorin an der Universität Heidelberg, herausgestellt hat. Die Berufsorientierung tritt mit der Übernahme der Mutterrolle zwar in den Hintergrund, jedoch nicht völlig. Für einen Teil ihrer befragten Frauen war der Wiedereinstieg in den Beruf von vornherein geplant. Die übrigen, die ihn nicht geplant hatten, revidierten die eigene Lebensplanung durch das Erleben der Phase ausschließlicher Familientätigkeit hin zu einer Rückkehr in den Beruf.

Im Folgenden ist eine Auswahl an Maßnahmen zur Gleichstellung (siehe auch unten: Männerförderung) aufgeführt:

– Familienzeit, gesplittet auf Vater und Mutter. Falls der Vater seinen halben Anteil nicht in Anspruch nimmt, verfällt dieser inkl. des Anspruchs auf Erziehungsgeld (siehe Regelungen in Skandinavien);
– Verkürzung der drei Jahre Familienzeit auf sechs bis zwölf Monate, gleichzeitig verbunden mit der Verbesserung des Betreuungsangebotes für Kinder;
– Steuerliche Absetzbarkeit der Kosten für Kinderbetreuung und Haushaltshilfen;
– Mentoringprogramme;
– Unterstützung von Frauennetzwerken (firmenintern sowie firmenübergreifend);
– Auditierungen;
– Total-E-Quality-Programme: öffentliche Auszeichnung besonders familienfreundlicher Unternehmen;
– »genderdax«, eine Informationsplattform für hochqualifizierte Frauen;
– Berufliche Netzwerke wie das Internetportal »Frauenmachen-karriere.de«, wie das Forum Frauen in der Wirtschaft und wie der EWMD e.V. (siehe unten: Networking und Mentoring).

Es genügt jedoch nicht, die Lebensentwürfe einer Gruppe der Gesellschaft, nämlich der Gruppe der »Frauen«, vielseitiger, chancenreicher und freier von Rollenklischees zu fordern und zu fördern. Genauso notwendig ist die Männerförderung, die im folgenden Abschnitt dargestellt wird.

Männerförderung

Ein Problem der Bemühungen um Frauenförderung ist, dass bisher im Wesentlichen für die Chancen der Gruppe »Frauen« gekämpft wurde. Genauso wichtig ist es jedoch, für die Chancen der Gruppe »Männer« zu sorgen. Gerade in harten wirtschaftlichen Zeiten mit hoher Arbeitslosigkeit ist es kein Privileg, allein die Ernährerfunktion in der Familie zugewiesen zu bekommen und keine alternative Lebensgestaltung zur Auswahl zu haben.

Von Männern wird auch erwartet, dass sie bereit sind, auf gemeinsame Zeit mit ihren Kindern zu verzichten, so dass ein Großteil der Männer die Entwicklung ihrer Kinder nur in geringem Maße miterleben darf.

Auch Antje Hadler (1998: 365, zitiert nach Neuberger 2002: 783), Professorin an der Fachhochschule des Bundes für öffentliche Verwaltung in Berlin, fordert eine Männerförderung, die folgende Punkte betrifft:

- Organisation der Arbeitszeiten so, dass man familiären und beruflichen Aufgaben nachkommen kann,
- Ausüben einer Teilzeitbeschäftigung ohne mangelnde Aufstiegsorientierung und Einsatzfreude unterstellt zu bekommen,
- Beanspruchung des Erziehungsurlaubes, ohne belächelt zu werden und Nachteile für die Karriere erwarten zu müssen,
- nicht automatische Zuweisung der Ernährerfunktion für eine Familie,
- Engagement für Gleichstellungsfragen ohne Statusverlust,
- keine zwanghafte Orientierung auf einen vertikalen Aufstieg in der betrieblichen Hierarchie,
- Führungspositionen entsprechend dem Anteil an männlichen Beschäftigten.

Ergänzend hierzu ist zu nennen:

- Nutzung moderner Technologien wie Laptop und Handy und Einrichtung von Telearbeitsplätzen in Kombination mit Anwesenheit am Arbeitsplatz,
- Abschiednehmen von der »Präsenzkultur« (siehe unten: Präsenzkultur) in Unternehmen hin zu einer ziel- und ergebnisorientierten Führung.

Wenn man die soeben aufgeführten Punkte betrachtet, sind sie alle genauso für die Frauenförderung zu fordern. Frauen mit Kindern werden bezüglich ihrer Karriereentwicklung in Unternehmen nicht weiter berücksichtigt. Ein Mann, der es wagt, Familienzeit (Erziehungsurlaub) zu nehmen, wird noch mehr ausgegrenzt. Wichtig ist es von dem Bild weg zu kommen, Frau, Kind und Beruf müssten vereinbar sein, hin zu dem Bild Mensch (Frau oder Mann), Kind und Beruf müssen vereinbar sein.

Weiterhin ist die Männerförderung eine wichtige Hilfe, um Männern eine andere Lebensgestaltung zu ermöglichen und damit die Angst der Männer vor der Frau im Management zu reduzieren. Heidrun Friedel-Howe (2003: 540f.) nennt dafür folgende Gründe:

- Angst der Männer vor der weiblichen Konkurrenz um knappe Ressourcen:
  Angst vor der quantitativen Konkurrenz sowie vor verstärktem qualitativem Konkurrenzdruck bezüglich sozialer Kompetenz.
- Bedrohung der männlichen Identität:
  Die Auseinandersetzung mit kompetenten, eventuell sogar kompetenteren Frauen betrifft nicht nur die Verteilung materieller Ressourcen, sondern auch die tieferen Schichten der männlichen Persönlichkeit. Hinzu kommt der freiere Umgang mit eigenen und fremden Gefühlen.
- Ambivalenz aufgrund der sexuell-erotischen Implikationen:
  Die sexuelle Dimension der Geschlechterbeziehung auf Kollegenebene ist ungewohnt. Schon erlebte oder antizipierte Störungen der bisherigen »Männergesellschaft« mögen dazu beitragen, sich nicht zu viele Frauen im Management zu wünschen.
- Angst vor Statusverlust:
  Wenn viele Frauen in männer-dominierte Berufs- und Arbeitsfelder eindringen, werden diese Arbeitsplätze bzgl. Bezahlung und gesellschaftlichem Status abgewertet (Beispiele sind der Beruf des Sekretärs oder der des Lehrers) (vgl. Neuberger 2002: 786).

- Angst vor den häuslichen Konsequenzen:
Karriereambitionen von Frauen haben Auswirkungen auf Partnerschaften. Eine unausgesprochene Befürchtung mag es sein, als Mann im Privaten selbst davon betroffen zu sein, wenn mehr Frauen im Management sind.

Auch Dr. Klaus Doppler und Christoph Lauterburg, beides renommierte Management- und Organisationsberater, beschreiben die Schwierigkeiten, die Frauen im Management für Männer bedeuten:

Und sicher ist dies: Es ist nicht nur für Frauen schwierig, sich in einer Männerwelt zu behaupten. Es ist auch für Männer nicht einfach, sich auf Frauen als gleichwertige Partnerinnen im Arbeitsfeld einzustellen. Etwa auf eine fähige Kollegin, die alle Gebote kollegialer Konkurrenzrituale missachtet und ihre Energie voll in die gestellte Aufgabe und in die Kooperation mit anderen investiert. Plötzlich eine tüchtige Frau als Chefin zu haben ist erst recht kein Zuckerschlecken. Und wenn der Zufall es will, dass sie auch noch eine gewisse Attraktivität besitzt, muss manch einer sein Verhaltensrepertoire erst einmal gründlich sortieren, bevor er wieder handlungsfähig wird. (Doppler & Lauterburg 2006: 43)

Nach Dr. Renate Liebold (2002), Institut für Soziologie an der Universität Erlangen-Nürnberg, provozieren eben die Veränderungen weiblicher Lebenszusammenhänge einen Rückkoppelungseffekt auf die Einstellungen und das Verhalten der Männer. Die erweiterten Optionen von Frauen haben somit Folgen für die männliche Lebensführung, da diese nicht mehr unhinterfragt am traditionell-komplementären Geschlechterarrangement festhalten kann. Verschiedene Initiativen zu »Work-Life-Balance« (siehe unten) sind entstanden.

Die Differenztheorie:
Frau und Mann sind nicht gleich

Nach der Differenztheorie sind Frauen »eigentlich« ganz anders als Männer. Sie haben Stärken, die Männer nicht haben. Sie haben aber auch Schwächen, die Männer nicht haben und umgekehrt (vgl. Neuberger 2002). In Anlehnung an Gertrud Höhler (2000), Professorin für Literatur, kann man ein Differenzmodell zwischen Mann und Frau folgendermaßen (allerdings sehr plakativ) formulieren:

Tabelle 1: Differenzmodell zwischen Mann und Frau

Mann	Frau
Abenteurer. Jäger. Handlungsorientierung. Tendenz: abschließen.	Hüterin des Herdfeuers. Kommunikationsorientierung. Tendenz: gründlich bearbeiten.
Männer erkennen ihre Defekte nicht.	Frauen erkennen ihre Potenziale nicht.
Imponieren. Niederlagen in Siege umdeuten.	Gefallen. Niederlagen als Vorwurf an potenzielle Helfer. Hilfsappelle aussenden.
Bei Angriffen: Wut und Kampfbereitschaft.	Bei Angriffen: Rückzug und Trauer.
Abgrenzung und Konkurrenz bestimmen das Lebensgefühl.	Suche nach Verbundenheit bestimmt das Lebensgefühl.
Netzwerke.	Vertrauenssysteme.
Steile, kurze Erregungswelle. Rasches Vergessen, Verdrängen.	Flache, lange Erregungswelle. Langsames Vergessen. »Limbisches Nachglühen«.
Erledigung von Problemen durch Befreiungsschlag.	Erledigung von Problemen durch gründliche Bearbeitung.

Opfer- in Täterrollen umschreiben. Motto: Niederlagen als Siege verkaufen.	Stress verbal kommunizierend abarbeiten.
Schmerz macht hart. Er wird in Wut und Aggression umgearbeitet.	Schmerz macht weich und zustimmungsbereit.
Problemwahrnehmung: Wie komme ich da raus? Was tue ich damit? Was tue ich dagegen?	Problemwahrnehmung: Was macht das mit mir? Wie kann ich mich anpassen? Wer hilft mir da raus?
Problemlösung: Probleme isolieren, um sie zu beherrschen.	Problemlösung: Probleme im komplexen Umfeld würdigen.
Strategie nach Niederlagen: Prahlen und Schmähen. Selbststilisierung zum verborgenen Sieger. Aktionismus. Selbstüberschätzung.	Selbstzweifel. Suche nach Schuldigen. Selbstmitleid. Opferpower.
Der Mann, das »Ausrufezeichen«.	Die Frau, das »Fragezeichen«.
Der Tunnelblick des Mannes. Fokussieren, konzentrieren: Das Ziel entscheidet.	Der Panoramablick der Frau. Die Ränder beobachten, Störquellen ausschalten: Gefahr kommt selten aus der Mitte.

Traditionelle Geschlechterstereotype, wie soeben aufgeführt, haben etwas Einschränkendes und Unzulängliches an sich, weil sie dem einzelnen Vertreter einer Gruppe (Mann oder Frau) nicht gerecht werden. Sie widersprechen auch den oben dargestellten Ergebnissen von Janet Hyde (2005). Aber sie erleichtern das Leben und reduzieren die Komplexität eines Menschen auf einfache Muster.

Gertrud Höhler (2000) schlägt vor, durch Kooperation und Arbeitsteilung zwischen Männern und Frauen die jeweiligen Stärken zu nutzen und die Schwächen zu überwinden. »Nicht die Stunde der Frauen schlägt, sondern das Zeitalter der gemischten Teams wird eingeläutet« (Höhler 2002: 76).

Nicht die Gerechtigkeitsdebatte oder der Feminismus, sondern die Komplexität der anstehenden Aufgaben und der Aufgabenmix fordern, dass Männer und Frauen die Arbeit tun. Dazu ist es nach Gertrud Höhler (2002) wichtig, dass Frauen ihre alte Doppelstrategie – Opferrolle und Abwarten – über Bord werfen. Sie spricht auch von dem Aschenputtelschema, nach dem Frauen »warten und entdeckt werden wollen«. Frauen denken, wenn sie gute Arbeit leisten, werden sie entdeckt und beruflich weiterkommen. Dadurch vernachlässigen sie die Spielregeln im Busine: Voraussetzungen für den beruflichen Aufstieg sind, eigene Ansprüche anzumelden und die gute eigene Arbeit entsprechend zu vermarkten. Besonders schwierig für die berufliche Karriere von Frauen ist das Bild, das von Frauen in den Köpfen vorherrscht. Das Bild von Frauen entspricht überwiegend nicht dem Bild von Führungskräften. So ergibt sich ein Dilemma, wenn eine Frau als Führungskraft wahrgenommen werden will, kann es plötzlich heißen, dass sie keine richtige Frau sei. Egal wie eine Frau es macht, sie wird Kritik ernten und muss sowohl ihren eigenen Stil finden als auch ein breites Kreuz entwickeln. Wie dieses Bild bzw. das Stereotyp von Frauen aussieht, wird im Folgenden erläutert.

Stereotype

Stereotype spielen in der beruflichen Entwicklung, ob jemand eine Führungsposition erreicht oder nicht, eine große Rolle. Stereotype vereinfachen die Wahrnehmung und die Denkprozesse und erleichtern so das Handeln. Stereotype erklärt Dorothee Alfermann (1993: 302-303), Professorin an der Universität Leipzig, folgendermaßen:

> Stereotype stellen verbreitete und allgemeine Annahmen über die relevanten Eigenschaften einer Personengruppe dar. Sie werden als kognitive Wissensbestände im Laufe der Sozialisation erworben (zum Beispiel durch eigene Beobachtungen, Aussagen anderer Personen oder über Medien wie etwa Fernsehsendungen oder Lesebücher). Entsprechend dem kognitiven Ansatz der Stereotypenforschung unterscheiden sich Stereotype nicht grundsätzlich von anderen sozialen Kognitionen. Wenngleich sie vereinfachen oder verzerrend wirken, sind sie aber nichts anderes als das reguläre Ergebnis menschlicher Informationsverarbeitung (Tajfel 1969). Sie sind darüber hinaus insofern notwendig für die Alltagsbewältigung, als sie dazu dienen, die Komplexität der Welt in überschaubare Einheiten zu reduzieren. Sie entlasten somit das kognitive System, indem sie Ordnung und Übersichtlichkeit in die Welt bringen (Stroebe & Insko 1989). Grundlage von Stereotypen ist ein Kategorisierungsprozeß. (Alfermann 1993: 302f.)

Nach Dorothee Alfermann (1993) lassen sich die wesentlichen Inhalte der Geschlechterstereotype in einem Cluster von Kompetenz, von Aktivität und von Emotionalität zusammenfassen. Das männliche Stereotyp ist gekennzeichnet durch Aktivität, Kompetenz, Durchsetzungsfähigkeit und Leistungsstreben, während das weibliche Stereotyp durch Emotionalität (zum Beispiel Freundlichkeit, Sanftmut, Weinerlichkeit) und Soziabilität (zum Beispiel Einfühlsamkeit, Hilfsbereitschaft, soziale Umgangsfähigkeit, Anpassungsfähigkeit) gekennzeichnet ist.

Michaela Wänke, Professorin an der Universität Basel, Herbert Bless, Professor an der Universität Mannheim und Silja Wortberg (2003), Universität Köln, untersuchten den Einfluss von »Karrierefrauen« auf das Frauenstereotyp. Das Frauenstereotyp ähnelt eher dem Stereotyp der Hausfrau und unterscheidet sich stark vom Stereotyp der Karrierefrau. Michaela Wänke u. a. schreiben (2003: 188):

> Trotz der massiven Veränderungen der letzten 30 Jahre in der Rolle der Frau und dem zunehmenden Anteil von Frauen in traditionell männlich dominierten Rollen und Berufsfeldern scheint sich das Frauenstereotyp kaum verändert zu haben (Lueptow, Garovich & Lueptow, 1995). Erst in jüngster Zeit sind Veränderungen auszumachen (zum Beispiel Dieckman & Eagly, 2000), aber immer noch ähnelt das Frauenbild eher dem der Hausfrau und Mutter und weniger dem der Karrierefrau. (Wänke et al. 2003: 188)

Sie folgern, dass Karrierefrauen häufig deshalb nicht in die mentale Repräsentation von »Frauen im Allgemeinen« eingehen, weil sie als untypisch wahrgenommen werden. Sie werden der Subkategorie »Karrierefrauen« oder »Powerfrauen« zugeordnet und die mentale Repräsentation der übergeordneten Kategorie bleibt unverändert. Deshalb halten sich die Stereotype »Frau« und »Mann« auch so hartnäckig in den Köpfen fest. Sie sind bequem. Informationen, die nicht zu den Stereotypen passen, werden einfach in eine Subkategorie »Ausnahmefrauen« ausgegliedert. Am ursprünglichen Denkrahmen muss man dann nichts ändern.

Oswald Neuberger (2002: 789) beispielsweise verwendet den Begriff »Ausnahmefrauen« im Zusammenhang mit Führungsverhalten und Führungserfolg. Er schreibt (2002: 789): »Von den beurteilten Frauen kann man nicht ohne weiteres auf alle Frauen schließen. Sie sind vielleicht Ausnahmefrauen, die anders sind, sonst hätten sie den Aufstieg nicht geschafft.«

Stereotype wirken sich auch bei der Personalbeurteilung aus und damit bei der daraus resultierenden Karriereentwicklung. So hat Christof Baitsch (2004), Professor in Zürich, Assessment Center untersucht und herausgefunden, dass die Begründungen, mit denen Frauen und Männer für ein und dieselbe Führungsposition empfohlen werden, sich stereotypisch unterscheiden. Die nachfolgende Tabelle zeigt für vier Beobachtungskategorien

Begründungen für Frauen bzw. für Männer, die für das jeweils andere Geschlecht nicht vorgebracht wurden:

Tabelle 2: Geschlechtsspezifische Argumente für die Empfehlung für oder gegen eine Führungslaufbahn (Baitsch 2004: 7)

Für Führungslaufbahn empfohlen:

Männer:
- »straffe und direktive Einflussnahme«, »kann stark und bestimmend auftreten«
- »Ruhe und Humor«, »schlagfertig und gewinnendes Lächeln«
- »drängte vorwärts«, »ergriff die Initiative«
- »steht über der Sache«, »stabil und gelassen«

Frauen:
- »findet breite Akzeptanz«, »argumentiert intelligent«
- »benimmt sich natürlich«, »keine Mühe, im Zentrum zu stehen«
- »unverkrampfte Zuwendung«, »bezeugt das eigene Interesse am Partner«
- »beachtliche Beharrlichkeit«, »wagt eigenständige Ansichten«

Für Führungslaufbahn zurückgewiesen:

Männer:
- »setzt zu großen Druck auf«, »zu wenig selbstbewusst«
- »zu wenig Lockerheit«, »keine innere Ruhe«
- »hält sich im Hintergrund«, »kein durchgängiger Lenkungseinfluss«
- »angestrengt«, »geht harten Entscheidungen aus dem Weg«

Frauen:
- »fast schüchterner Eindruck« »hält sich unauffällig zurück«, »scheu«
- »kein Feingefühl«, »fällt mit der Tür ins Haus, stößt Partner vor den Kopf«
- »passiv abwartend«, »stark wenn sie wusste, was von ihr erwartet wurde«
- »Anspannung immer latent vorhanden«, »gereizter Unterton«

Männer wurden tatsächlich mit teilweise anderen Argumenten für eine Führungslaufbahn empfohlen bzw. abgelehnt als Frauen. Der Katalog des zur Verfügung stehenden Vokabulars für Frauen und Männer ist offenbar unterschiedlich. Christof Baitsch (2004: 7) folgert:

Geht man davon aus, dass sich in der verwendeten Sprache die eingesetzten Raster der Beobachtung und der Interpretation spiegeln, dann muss daraus geschlossen werden, dass Frauen und Männer mit unterschiedlichen Maßstäben beurteilt werden. Dies geschieht, obwohl es sich um identische Positionen, die es zu besetzen gilt, handelt. (Baitsch 2004: 7)

Somit stellt sich die Frage, welche Erwartungen wirksam sind bei der Beurteilung von Leistung, Kompetenz und Potenzial, die dann die Entwicklung der Karriere bestimmen. Stereotype und Schemata in Bezug auf typisch verstandene weibliche bzw. männliche Merkmale fließen als Filter bei der Wahrnehmung und Interpretation in Interaktionsprozesse ein. Identische Verhaltens- oder Kommunikationsmuster werden bei Frauen anders gewertet als bei Männern. Ein direktes und dominantes Kommunikationsverhalten (zum Beispiel durch Widerspruch) und ein strukturierender Kommunikationsstil werden einem Mitglied höherer hierarchischer Ebene (in der Regel Männer) durchaus positiv ausgelegt. Verhalten sich dagegen Frauen in dieser Art, so gilt dies häufig als aggressiv und anmaßend. Das gleiche Verhalten wird also unterschiedlich bewertet in Abhängigkeit davon, ob eine Frau oder ein Mann sich so verhält. Das bedeutet, dass in einer Bewerbungs- oder Beurteilungssituation für Führungspositionen, die forsches Agieren und selbstbewussten Auftritt erfordern, die Chancen für Frauen und Männer ungleich verteilt sind. Folgende Tabelle gibt Einblick in verbreitete Stereotype und Schemata (zitiert nach Baitsch 2004: 18):

Tabelle 3:   Weibliche und männliche Stereotype im Beurteilungsprozess (Fried, Wetzel & Baitsch 2000, zitiert nach Baitsch 2004: 18)

	Männliche Stereotype	Weibliche Stereotype
Berufskarriere und Aufstiegsinteresse	- generell starke Aufstiegsambitionen - aktives Bemühen	- generell wenig Aufstiegsinteresse - tendenziell verantwortungsscheu - passiv abwartend
Fähigkeiten/ Fertigkeiten	- Sozialkompetenz i. S. einer ausgeprägten Fürsorglichkeit weniger vorhanden - Tendenz zu Dominanz und Führung	- ausgeprägte und natürliche Sozialkompetenz
kognitive Stile	- Rationalität - theoretische Intelligenz	- Intuition - praktische Intelligenz

Konflikt-verhalten	- konfliktorientiert - widerspruchsorientiert	- konfliktvermeidend - konsensorientiert
Kommunikations verhalten	- Neigung zu offensiver Selbstdarstellung - Initiierung und Steuerung von Kommunikation - Argumentation häufig durch Behauptungen - tendenziell konfrontativ	- Neigung zu defensiver Selbstdarstellung - Sorge für Aufrechterhaltung der Kommunikation - Argumentation häufig durch Fragen - tendenziell konsensorientiert
Autonomie-/ Kontroll-bedürfnis	- eher Wunsch nach Dominanz - internale Kontrollüberzeugung	- eher anlehnungsbedürftig - externales Kontrollbedürfnis
Selbstattribution	- fähigkeitsbetont	- anstrengungsbetont

Nach Christof Baitsch (2004) ist davon auszugehen, dass geschlechtsspezifische Erwartungshaltungen und daraus resultierende Prognosen und Beurteilungen von Leistungen Ausgangspunkt für Benachteiligungen von Frauen in Unternehmen sind.

Fremd- und Selbstattribution von Kompetenz

Interessant ist der Zusammenhang zwischen Geschlechtswahrnehmung und Zuschreibung von Kompetenz. Zwei klassische Studien zeigen, wie früh eine das Geschlecht stereotypisierende Interpretation einsetzt und in welchen Formen sich dies zeigen kann. Neuere Untersuchungen zeigen jedoch, dass sich das Beurteilungsverhalten geändert hat. Zunächst werden hier zwei klassische Untersuchungen dargestellt:

In einer Untersuchung von John Condry & Sandra Condry (1976) zur geschlechtsstereotypisierenden Wahrnehmung wurde ein kurzer Videofilm vorgeführt, in dem ein neunmonatiges Kind beim Anblick eines Spielzeugs plötzlich in Tränen ausbricht. Vorab wurde erklärt, dass ein Junge bzw. ein Mädchen zu sehen sei, die anfingen zu weinen. Im Anschluss wurde nach

Vermutungen über den Grund der Tränen gefragt. Bei den Mädchen wurde mehrheitlich »Angst« und bei den Jungen »Ärger« als Grund für die Tränen genannt und zwar sowohl von Männern als auch von Frauen. Beobachtungen von Verhalten werden demnach auf der Basis von Stereotypien getätigt und interpretiert. Bereits bei Kindern im Babyalter wird offenbar eine Nähe von »Junge« und »eher aggressiv« bzw. »Mädchen« und »eher empfindsam« assoziiert.

In einer Untersuchung von Phil Goldberg (1968) ging es um die Einschätzung der Qualität von Fachartikeln aus verschiedenen Gebieten und um die Kompetenz des Autors bzw. der Autorin. Die Kompetenz des angeblichen Autors wurde höher eingeschätzt als jene der angeblichen Autorin.

Nachfolgeuntersuchungen (Eagly u.a. 1992; Feldman 1992; Olian u.a. 1988; Swim u.a. 1989; Top 1991) ergaben, dass Frauen und ihre Arbeit leicht negativer bewertet werden als Männer und ihre Arbeit. Die Leistungen von Frauen werden vor allem dann negativer beurteilt, wenn sie in männerdominierten Bereichen erbracht werden oder wenn Frauen eine »maskuline Rolle« übernehmen. Wichtig ist auch der Befund, dass Erfolg und Misserfolg tendenziell unterschiedlich begründet werden.

Jedoch schreibt Dorothee Alfermann (1993: 310), dass die Ergebnisse von Goldbergs Arbeiten in späteren Untersuchungen weder eindeutig repliziert worden seien, noch dass seine Interpretation – Frauen hätten Vorurteile gegenüber Frauen – einhellige Zustimmung gefunden hätte. Dennoch genießt die Überzeugung, dass Frauen für identische Leistungen schlechter bewertet werden als Männer, im beruflichen wie politischen Alltag große Popularität. Sie findet sich auch in der These, dass Frauen mehr können und härter arbeiten müssen als Männer, um den gleichen beruflichen Erfolg zu erreichen. Dorothee Alfermann (1993) folgert, dass die Erwartung als solche in der Wahrnehmung und Interpretation der Wirklichkeit eine wichtige Rolle spielt. Nach der konfirmatorischen Strategie nach Mark Snyder (1981, 1984), Department of Psychology an der University of Minnesota, erinnern und interpretieren wir die Vergangenheit selektiv in Übereinstimmung mit unseren Erwartungen und konstruieren die Zukunft entsprechend. Dieser Prozess »belief creates reality« (Snyder 1984) könnte nach Dorothee Alfermann (1993) ein Grund für das zähe Festhalten an der These der Abwertung weiblicher Leistungen sein. Weiter schreibt sie (1993: 311):

Dazu trägt dann vermutlich zusätzlich die nicht zu übersehende unterschiedliche Beteiligung der Geschlechter in der beruflichen und gesellschaftlichen Hierarchie bei. Hierbei scheinen aber diskriminierende Leistungsbewertungen offenbar eine weniger bedeutsame Ursache darzustellen als andere Faktoren, wie etwa die familiale Rollenaufteilung, die Frauen ungleich größere Familienpflichten auferlegt und sie dann notabene in ihrem beruflichen Fortkommen behindert. (Alfermann 1993: 311)

Diese weit verbreitete These, dass Frauen mehr leisten müssen als Männer, könnte auch zu sehr hohen Ansprüchen und Maßstäben in der eigenen Leistungsbeurteilung der Frauen führen sowie zu sehr selbstkritischem Verhalten. Dies könnte bis hin zu Perfektionismus führen. So sprechen beispielsweise die Autorinnen Irene Becker und Jutta Meyer-Kles (2004) von der Perfektionismusfalle. Ihr Slogan -»Lieber schlampig glücklich als ordentlich gestresst.« - ist sicherlich für manche Frau ein wertvoller Hinweis.

Neuere Untersuchungen hingegen liefern neue Erkenntnisse über die Änderung des Beurteilungsverhaltens. In einer Untersuchung von Melanie Steffens, Professorin für Psychologie in Jena, und Dr. Bettina Mehl (2003) wurden angebliche Bewerbungsunterlagen beurteilt. Das Ergebnis war, dass Bewerberinnen nicht für weniger kompetent gehalten wurden als Bewerber. Die Sozialkompetenz der fachlich kompetenten Frauen wurde sogar höher eingeschätzt als die der entsprechenden Männer.

Als ein weiteres Ergebnis ihrer Untersuchungen zu Assoziationen von Geschlecht und Kompetenz ergaben, dass das jeweils eigene Geschlecht favorisiert wurde. Männer haben eine Assoziation von »männlich« und »kompetent«, Frauen dagegen von »weiblich« und »kompetent«. Der klassische Befund, wonach Männer auch von Frauen für kompetenter gehalten werden als sie selbst, lässt sich nicht mehr bestätigen.

Monika Sieverding (2003), Professorin am Psychologischen Institut der Universität Heidelberg, fand wiederum in einer simulierten Bewerbungssituation deutliche Geschlechtsunterschiede in der Selbstbeurteilung von Kompetenz. Frauen schätzten sich in allen Phasen der Bewerbungssituation deutlich weniger erfolgreich ein; im Leistungstest und im Vergleich zur Fremdbeurteilung lag eine eindeutige Selbstunterschätzung vor. Bei den Männern zeigte sich im Vergleich zum Leistungstest eine Selbstüberschätzung und im Vergleich zur Fremdbeurteilung eine realistische Selbsteinschätzung. Die Instrumentalität im Selbstkonzept (das heißt eine Selbsteinschätzung hinsichtlich vom Stereotyp her maskuliner Eigenschaften, wie zum Beispiel durchsetzungsfähig) war mit der Selbsteinschätzung als »erfolgreich« assoziiert, allerdings nur bei den Männern.

Andrea Abele (2003), Professorin für Sozialpsychologie an der Universität Erlangen-Nürnberg, belegt in ihrer Studie, dass die Instrumentalität für beide Geschlechter einen relevanten Vorhersagefaktor für den Berufserfolg darstellt. Unabhängig von der Instrumentalität ist jedoch der Berufserfolg von Frauen, insbesondere der von Müttern, geringer als der von Männern. Somit weisen die Befunde auf strukturelle und gesellschaftliche Barrieren in den Karriereverläufen von Frauen hin, auch nach Berücksichtigung psychologischer Variablen wie Selbstwirksamkeit oder Instrumentalität.

Die oben beschriebene Zuschreibung von Kompetenz oder Inkompetenz, eine Zuschreibung auf die Person oder auf günstige Umstände erfolgt nun keineswegs nur mit Blick auf andere Personen (Fremdattribtion). Diese Zuschreibung der Verursachung nehmen Menschen auch mit Blick auf die eigene Person vor. Im Zusammenhang mit Leistungsbeurteilung kommt dieser Selbstattribution ein wichtiger Stellenwert zu.

Nach Christof Baitsch (2004) gehen viele Untersuchungen davon aus, dass die Selbstattribution bei Frauen und Männern im statistischen Durchschnitt unterschiedlich verläuft. Sie stellen eine generelle Tendenz fest, dass Frauen berufliche Erfolge eher der Situation (»günstige Umstände«, »geringe Anforderung« und ähnliches) und Misserfolge eher ihrer eigenen Person (»zu wenig Befähigung«, »zu wenig Ehrgeiz« und ähnliches) zuschreiben. Zusätzlich bewerten Frauen in der direkten Interaktionssituation ihre eigenen Leistungen tendenziell weniger hoch als dies Männer tun. Die Attribution hat auch unmittelbaren Einfluss auf das Üben von Selbstkritik und den Umgang mit Misserfolg.

Weiter schreibt Christof Baitsch (2004), dass die Selbstwahrnehmung und -attribution von Beurteilenden die Beurteilung von Leistungsergebnissen anderer Personen stark beeinflusst. Beurteilende erwarten ein jeweils ihrem Geschlecht ähnliches Leistungsverhalten und unterstellen damit dem anderen Geschlecht ein differierendes Leistungsverhalten. Männern wird tendenziell eine höhere und stabilere Leistungsfähigkeit und ein entsprechendes Leistungsverhalten unterstellt. Frauen wird Anstrengung und Motivation, aber weniger eine bestimmte Kompetenz zur Leistungserbringung zugesprochen. Dies hat Konsequenzen für die Karriereentwicklung.

Das Ergebnis einer Untersuchung von Laurie Heatherington u. a. (1993) war, dass junge Studentinnen ihre Erfolgsvermutungen für die eigene Person nach unten korrigiert hatten; aber nur wenn sie diese im direkten Gespräch äußern mussten, nicht bei Abgabe in schriftlicher Form in eine Urne. In diesem Zusammenhang erweist sich das sozialpsychologische Konzept der »sozialen Erwünschtheit« als fruchtbar, um zu erklären, warum Menschen in bestimmten Situationen ein bestimmtes Verhalten zeigen und andere Möglichkeiten ausschließen, die durchaus in ihrem Verhaltensrepertoire enthalten sind.

Dorothee Alfermann (1993) wies jedoch bereits darauf hin, dass es fraglich scheint, ob Selbstattribution überhaupt einen Beitrag zur Erklärung der Geschlechterunterschiede im beruflichen Bereich liefern kann oder ob die Gründe dafür nicht vielmehr in grundsätzlichen Bedingungen zu suchen sind, etwa in der geschlechtstypischen Rollenverteilung. Die Ergebnisse der vorliegenden Studie legen dies nahe (siehe unten: Ergebnisse). Die bisher gezogenen Schlüsse waren logisch. Es fiel einfach nicht sonderlich auf, dass die Männer gesellschaftlich einen anderen Status und eine andere Rolle innehaben als die Frauen. Bisher lagen auch keine Untersuchungen vor, in denen Frauen mit Frauen verglichen wurden, wie in dieser Studie. Da die weiblichen Führungskräfte sich bei der Ursachenattribution von Erfolg sich von den Mitarbeiterinnen unterscheiden, bekräftigen sie den Gedanken von Dorothee Alfermann (1993). Dies ist ein bemerkenswertes Ergebnis.

Bisher wurde die Bedeutung der Selbstdarstellung als karriereförderlicher Aspekt mehrfach angesprochen. Interessant ist es nun, den Zusammenhang zwischen Selbstdarstellung und Selbstwertgefühl genauer zu anzusehen.

Selbstwertgefühl und Selbstdarstellung bzw. Selbstmarketing

Nach Dr. Astrid Schütz (1997), Universität Bamberg, kann das Selbstwertgefühl (self-esteem) als zentraler Aspekt der Persönlichkeit gelten. Eine positive Einstellung zur eigenen Person wird nicht nur als wichtiger Bestandteil psychischer Gesundheit verstanden, sondern ist auch bedeutsam

- bei der Art und Weise, wie auf Misserfolge und Erfolge reagiert wird,
- bei der Klarheit des Selbstkonzeptes,
- bei der emotionalen Befindlichkeit und
- bei Selbstregulationsfehlern.

Sie definiert

- Selbstkonzept als subjektive Theorie über die eigene Person bzw. die Summe selbstbezogener Einschätzungen und
- Selbstwertgefühl als die Bewertung dieses Wissens. Ein hohes Selbstwertgefühl zu besitzen heißt, sich zu mögen.

Dr. Astrid Schütz (1997) unterscheidet zwei Selbstdarstellungsstile: zum einen »Schaut, was ich kann« (Darstellung der eigenen Kompetenzen, des Fähigkeitsselbst) und zum anderen »Ich helfe gern« (Darstellung der Hilfsbereitschaft und des Altruismus, des sozialen Selbst). Personen mit hohem Selbstwertgefühl betonen das Fähigkeitsselbst mit dem Ziel, bewundert zu werden, wohingegen Personen mit niedrigem Selbstwertgefühl das soziale Selbst betonen mit dem Ziel, gemocht zu werden.

Tabelle 4: Selbstdarstellungsstile nach Schütz (1997)

»Schaut, was ich kann«	»Ich helfe gern«
- Darstellung der eigenen Kompetenzen	- Darstellung der Hilfsbereitschaft und des Altruismus
- Fähigkeitsselbst	- soziales Selbst
- Ziel: bewundert zu werden	- Ziel: gemocht zu werden
- Risiko, denn man macht sich u. U. unbeliebt bzw. fordert Kritik und Konkurrenz heraus	- Sicherung »nur« der Sympathie, jedoch keine Bewunderung für herausragende Fähigkeiten
- höheres Selbstwertgefühl, deshalb größere Bereitschaft, Risiken einzugehen	- geringeres Selbstwertgefühl

Dr. Astrid Schütz (1997) geht davon aus, dass die Unterschiede nicht entscheidend auf Fähigkeitsdifferenzen zurückzuführen sind. Es besteht kein direkter Zusammenhang zwischen objektiven Fähigkeiten in unterschiedlichen Bereichen und dem Selbstwertgefühl. Ihr erscheint es plausibel, dass Personen mit hohem oder niedrigem Selbstwertgefühl sich durchaus hinsichtlich der Wahrnehmung eigener Fähigkeiten und deren Bewertung unterscheiden.

Sowohl Selbstunterschätzung als auch starke Selbstüberschätzung sind ungünstig; eher besteht ein umgekehrt U-förmiger Zusammenhang zwischen Selbstwertgefühl und Adaptabilität, das heißt der »mittlere Bereich« ist optimal (Schütz 1997).

Weiterhin hat die oben besprochene Selbst- und Fremdattribution von Kompetenz und Leistung (personal versus situativ), die tendenziell zu Ungunsten von Frauen erfolgt, Auswirkungen auf deren Selbstmarketing. Christof Baitsch (2004) folgert, dass wie jede soziale Situation so auch die konkrete »Handlung« von Leistung von geschlechtsgebundenen Wahrnehmungs- und Interaktionsmustern durchdrungen ist. Frauen identifizieren eigene Arbeitsbeiträge seltener als ihre eigene individuelle Leistung. Wenn sie sie identifizieren, sind sie in der Darstellung ihrer eigenen Leistung meist zurückhaltender und zögerlicher als Männer.

Diese Zurückhaltung der Frauen in der Darstellung der eigenen Leistung hat natürlich Einfluss auf die Karriereentwicklung und auf das Erreichen von Führungspositionen. Das fehlende Eigenmarketing hängt mit dem eigenen Selbstwertgefühl bzw. dem Selbstkonzept zusammen.

Bereits Tomi-Ann Roberts (1991), Professorin für Psychologie in Colorado Springs, stellte fest, dass Leistungsrückmeldungen für Frauen und Männer unterschiedliche Funktionen erfüllen. Sie meint, Frauen sähen darin stärker eine Rückmeldung über ihre Begabung und ihr Können. Männer dagegen betrachten eine Leistungssituation als Herausforderung für Wettbewerb und nicht als eine Rückmeldung über ihr Können. Somit beeinflusst die Rückmeldung auch weniger das Selbstkonzept der Männer. Dorothee Alfermann (1993: 315) schreibt hierzu:

Roberts führt als Grund für diese Unterschiede in der Wahrnehmung und Interpretation von Leistungsrückmeldungen die Statusunterschiede zwischen den Geschlechtern an. Frauen als die niedrigere Statusgruppe seien auf externe Informationen und Bewertungen ihres Selbst stärker angewiesen als Männer, die einen eigenständigen Bewertungsmaßstab für ihre Person entwickeln könnten. (Alfermann 1993: 315)

Leistungsverhalten: »die fleißige Liese und der kluge Hans«

Sowohl die Selbstattribution als auch die Fremdattribution von Kompetenz haben gravierende Auswirkungen auf das innerbetriebliche Verhalten von Frauen und Männern und deren Karriereentwicklung. Frauen glauben auch selbst, mehr leisten zu müssen. Sie wollen durch Qualität überzeugen und unterschätzen Netzwerke und Selbstmarketing.

Dorothee Alfermann (1993) gab ihrem Artikel »Frauen in der Attributionsforschung« den Zusatztitel »die fleißige Liese und der kluge Hans«. Es stellt sich die Frage, ob man das Phänomen »die fleißige Liese und der kluge Hans« weniger auf Ursachenerklärung von Leistungen beziehen sollte, sondern mehr auf das Leistungsverhalten an sich. Dorothee Alfermann (1993: 313f.) selbst schreibt:

Das Körnchen Wahrheit könnte sich auch im Leistungsverhalten finden. Wenn es zutrifft, wie Sutherland & Veroff (1985) betonen, dass Frauen eine stärker prozeß-, Männer hingegen eine stärker produktorientierte Leistungsmotivation zeigen, so heißt dies, dass Frauen sich mehr um der Leistung selbst willen anstrengen, also mehr intrinsisch motiviert sind, Männer um der damit verbundenen Belohnungen und der Einflussmöglichkeiten auf die Umgebung willen, also mehr extrinsisch motiviert sind. Aus einer solchen intrinsischen Motivation könnte sich auch eine höhere Anstrengung folgern lassen, zumindest in den Augen von außenstehenden Beurteilern und Beurteilerinnen. (Alfermann 1993: 313f.)

Dorothee Alfermann (1993) führt Geschlechterunterschiede bei der Attributionsforschung auf Status- und Rollenunterschiede zurück. Denn trotz einer wachsenden Anzahl von psychologischen Forschungsergebnissen, die keine Geschlechterunterschiede in psychischen Merkmalen finden, lassen sich in Alltagsvorstellungen der Menschen Geschlechterstereotype nachweisen, die Männer und Frauen als unterschiedlich darstellen. Sie erscheinen vor allem in der familiären und beruflichen Arbeitsteilung, die aus unterschiedlichen Geschlechtsrollenerwartungen resultiert und eng mit der Tatsache verknüpft ist, dass Männer einen höheren Status als Frauen genießen.

Hinderlich auf dem Weg in die Führungsetagen ist natürlich die falsche Wahl des Studienfaches und auch die falsche Wahl der Unternehmensbereiche, die Frauen bevorzugt treffen.

Studienfachwahl und Wahl der Unternehmensbereiche

Bei der Wahl von Ausbildungsberufen und Studienfächern gibt es erhebliche Unterschiede zwischen Frauen und Männern. Laut des »FrauenDaten-Reports 2005« der Hans-Böckler-Stiftung (Bothfeld u.a. 2006) konzentrieren sich Frauen auf kultur- oder sprachwissenschaftliche Fächer sowie auf Sozial- und Dienstleistungsberufe. Diese sind in unserer deutschen Gesellschaft geringer bewertet und bezahlt. Durch die Studienfachwahl wird eine entscheidende Weichenstellung vollzogen, die mit beeinflusst, dass Frauen geringere Karrierechancen haben. Diese Studienfachwahl wird fortgesetzt in der Wahl der von Frauen bevorzugten Unternehmensbereiche wie Personal, Personalentwicklung, Organisationsentwicklung, Change Management, Diversity Management, Unternehmenskommunikation oder Marketing. Frauen übernehmen tendenziell Stabs- oder Dienstleisterfunktionen, anstatt Business- und Vertriebs-Know-how zu erwerben.

Nach Dr. Sandra Spreemann (2000) zeigen Frauen »selbst begrenzendes Verhalten«: Sie schätzen ihre Chancen eben realistisch ein, bewerten sich selbst negativ und wählen von vornherein Berufe oder Laufbahnen, die weniger Karriereoptionen bieten, und sind dann weniger karriereorientiert. Im Vergleich zu Männern zeigen Frauen eine stark ausgeprägt Bescheidenheit, haben Schwierigkeiten, für sich selbst einzutreten, so dass es in Bezug auf die Karriereentwicklung zu dem Phänomen der sich selbst erfüllenden Prophezeiung und zur Bestätigung von Verhaltensmustern kommen kann (Spreemann 2000).

Aktuell scheint sich hier jedoch eine Trendwende zu vollziehen. Im Wintersemester 2007/2008 haben 13300 Frauen ein ingenieurwissenschaftliches Studium an deutschen Hochschulen aufgenommen; das sind 13 Prozent mehr als im Vorjahr. Damit waren etwas mehr als ein Fünftel der Ingenieurstudenten im ersten Semester weiblich (Quelle: Destatis).

Ein ganz entscheidender Aspekt, warum so wenige Frauen in einer Führungsposition, vor allem in einer Top-Position, sind, ist das weibliche Konkurrenzverhalten.

Konkurrenzverhalten

Konkurrenzverhalten ist ein entscheidender Faktor für die Karriereentwicklung in Unternehmen. Muriel Niederle, Professorin an der Stanford University und Lise Vesterlund (2005), University of Pittsburgh, haben Konkurrenz- und Wettbewerbsverhalten experimentell untersucht. Frauen und Männer mussten Kopfrechenaufgaben lösen und wurden dafür bezahlt. Zunächst arbeitete jeder allein, dann in einem 4-Personen-Turnier. Im Durchschnitt schnitten Frauen und Männer gleich gut ab. Als die Versuchspersonen die Wahl für ein zweites Turnier hatten, entschieden die

Männer sich dafür, auch die, die am schlechtesten abgeschnitten hatten, und die Frauen dagegen, auch die, die zuvor am besten abgeschnitten hatten. Muriel Niederle und Lise Vesterlund führen diese Ergebnisse nur zum Teil auf die Selbstüberschätzung der Männer bzw. die Unsicherheit der Frauen zurück. Es lag v. a. am unterschiedlichen »Appetit« auf Wettbewerb und Konkurrenz. Frauen scheuen den Wettbewerb, auch wenn sie dabei auf Geld verzichten, und Männer haben Spaß daran, auch wenn sie dabei Geld verlieren. Diese Ergebnisse erklären sicherlich auch das Paradox der zufriedenen Mitarbeiterin. Sie legen nahe, dass in Unternehmen qualifizierte und fähige Mitarbeiterinnen auf niedrigeren Hierarchieebenen auch deshalb vorzufinden sind, weil sie sich aus dem Wettbewerb zurückziehen. Weiterhin legen die Ergebnisse nahe, dass es nicht realistisch ist zu erwarten, dass Frauen in gleichem Maße wie Männer in Führungspositionen drängen. Vielmehr sind sie weiterhin auf einen Förderer und Mentor, am einfachsten in Person des eigenen Vorgesetzten, innerhalb des Unternehmens angewiesen.

Eine andere Herangehensweise an das Thema »Konkurrenzverhalten« hat Doris Bischof-Köhler (1993), Professorin für Psychologie in München, gewählt. Sie berücksichtigte Befunde aus der Paläanthropologie, der Endokrinologie, dem Kulturvergleich und der Entwicklungspsychologie. Und sie wies darauf hin, dass neben den unbestrittenen gesellschaftlich bedingten Karrierenachteilen der Frauen auch die anlagebedingten (biologische) Unterschiede als Ursache berücksichtigt werden müssen.

Nun haben Doris Bischof-Köhler (1990a, 1990b) und Gerhard Blickle, Professor für Organisationspsychologie in Bonn, und Dr. Jürgen Schröder (1990) bereits eine kontroverse Diskussion über den Begriff »biologisch« geführt. Deshalb betont Bischof-Köhler (1993), dass »biologisch« nicht mit »unveränderbar« gleichgesetzt werden darf. Phänotypische Manifestationen einer genetischen Anlage sind abhängig von Umwelteinflüssen, von sozialen und kulturellen Faktoren. Sie schreibt (1993: 255):

Der Mensch ist als vernunftbegabtes und zu Selbstreflexion befähigtes Wesen nicht in gleicher Weise durch natürliche Dispositionen determiniert, wie dies Tiere sind. Er ist frei, sich mit seiner Natur - auch seiner geschlechtlichen - auseinanderzusetzen und sich ggf. gegen das zu entscheiden, was sie ihm nahelegt (Bischof, 1985). Als eine Folge davon mag das einzelne Individuum in seinen Interessen und seinem Verhalten recht weit von dem abweichen, was als »typisch weiblich« oder »männlich« angesehen wird. (Bischof-Köhler, 1993: 255)

Kulturen zeichnen nach, was von Natur aus den geringsten erzieherischen Aufwand erfordert, und deshalb stimmt die Geschlechtsrollensozialisation über die Kulturen hinweg weitgehend überein. Für Bischof (1980) sind Geschlechtsrollen kulturelle Überformungen, Profilierungen, zum Teil Übertreibungen von geschlechtstypisch unterschiedlichen Schwerpunkten in Interessen, Neigungen und Fähigkeiten. Für eine größere Zahl von Männern und Frauen sind sie von ihrer Veranlagung her vorgezeichnet.

Im Folgenden werden die evolutionsbiologischen und entwicklungspsychologischen Annahmen von Doris Bischof-Köhler (1993: 256ff.) dargestellt, da sie in Bezug auf Konkurrenzverhalten interessante Aufschlüsse bieten. Auch wenn ihre Ausführungen auf Kritik stoßen (siehe unten), kann ich mich des Eindrucks nicht erwehren, dass sie implizit Verhaltensweisen von Frauen und Männer in den Unternehmen beschreiben. Doris Bischof-Köhler (1990a, 1993) beschreibt darüber hinaus noch hormonelle und paläanthropologische Befunde.

Evolutionsbiologische Annahmen

Evolutionsbiologisch gesehen geht es um die Frage, wozu ein Verhalten gut ist, inwiefern es zur Steigerung des Überlebens- und Fortpflanzungserfolges beiträgt. Die ultima ratio der Evolution ist die Reproduktion. Elterliche (parentale) Investition ist der Aufwand an Energie, Zeit und Risiko, den ein Elternteil für seine Nachkommen erbringt (Bischof-Köhler 1993).

Doris Bischof-Köhler (1993) beschreibt, dass eine Asymmetrie der elterlichen Investition von Weibchen und Männchen evolutionsbiologisch bei dem Übergang zur inneren Befruchtung bei landlebenden Wirbeltieren entstand. Das weibliche Geschlecht wurde zum Träger der befruchteten Eizelle und investierte sehr viel Zeit und Energie in einen einzelnen Nachkommen. Dadurch ist die Gesamtzahl möglicher Nachkommen beim Weibchen in der Größenordnung von Zehnerpotenzen niedriger als beim Männchen. Für das Weibchen ist es sinnvoll, sich auch nach der Geburt um die Jungen zu kümmern, sie zu füttern, zu wärmen und zu schützen und so für eine erfolgreiche Fortpflanzung zu sorgen. Für Säugetiermännchen ist es selektionistisch am günstigsten, jeweils nur eine paarungsbereite Partnerin zu finden und sich nach der Zeugung schnell auf die Suche nach der nächsten Partnerin zu machen. So kann das Männchen potentiell Hunderte bis Tausende Nachkommen haben.

Diese Fortpflanzungsstrategien haben bei den Geschlechtern unterschiedliche Verhaltensdispositionen selektiv begünstigt. Beim Männchen kommt es auf die Qualität der Partnerin nicht an; beim Weibchen »lohnt« es sich hingegen, auf Qualität des Partners und auf gute Aufzuchtsbedingungen zu achten. Weibchen sind dementsprechend unter Stress sehr viel weniger paarungsbereit als Männchen. Männchen werden jedoch durch die niedrigere Verfügbarkeit von Partnerinnen in ihrer möglichen Nachkommenzahl stark eingeschränkt. Auf ein paarungsbereites Weibchen kommen mehrere sexuell motivierte Männchen. Diese müssen nun miteinander konkurrieren, während das Weibchen unter den Konkurrenten auswählt.

Dabei besteht das männliche Konkurrenzverhalten nicht ausschließlich aus Aggression. Die Disposition, sich von Misserfolgen nicht entmutigen zu lassen, gehört ebenso dazu. Wer es immer wieder versucht, ist irgendwann erfolgreich. Erhöhte Unternehmenslust der Männchen und die Bereitschaft, sich mit Unbekanntem zu konfrontieren, rührt daher, dass Jungmännchen die Herkunftsfamilie verlassen und sich mit anderen in Gruppen zusammenschließen, während Weibchen in der Familie bleiben, bis ein Bewerber kommt.

Da Kämpfen mit negativen Folgen (Verletzung, Kraftaufwand, möglicher Tod) verbunden ist, hat die Selektion Verhaltensbereitschaften begünstigt, die diese reduzieren. Dazu gehören nach Doris Bischof-Köhler (1993):

1. Ritualisierung von Kampfhandlungen: Stärke und Kampfbereitschaft werden durch Imponiergehabe, einschüchterndes Verhalten und Drohgebärden demonstriert. Unterstützt wird dies durch Auffälligkeit der Erscheinung (Mähne, Hauer, Geweihe, Prachtfarbigkeit).
2. Beißhemmung bei Unterwerfungsgestik des Konkurrenten.
3. Ausbildung von Rangstrukturen mit konfliktreduzierender Wirkung: Dem Sieger werden Vorrechte zugestanden; der Zusammenhalt der Gruppe und damit die Basis für friedliche Kooperation sind gegeben. Junge Männchen üben bereits in Raufspielen für den Ernstfall.

Für solches Konkurrenzverhalten findet sich kein weibliches Pendant. Für Weibchen gibt es keine Notwendigkeit zum Konkurrenzkampf und es scheint keine Disposition zu Rangauseinandersetzungen zu geben. Aggression tritt ohne Vorwarnung auf, und zwar bei Konflikten um die Nahrungsaufnahme oder bei der Verteidigung der Jungtiere. Dabei wird aggressives Verhalten weder durch eine Beißhemmung gebremst noch durch

Drohen oder Imponieren angekündigt. In der äußeren Erscheinung ist das Weibchen viel unauffälliger.

Rangpositionen von Weibchen hängen ab vom Alter, von der Zughörigkeit zu einem Familienclan oder vom Rang des männlichen Geschlechtspartners. Diese Rangpositionen sind instabiler als in Männerhierarchien und sind weniger leicht zu beobachten.

Von dem Regelfall der geschlechtsgebundenen unterschiedlichen elterlichen Investition gibt es Ausnahmen. Wenn das Weibchen die Aufzucht allein nicht schafft, kommt es zu einer erhöhten elterlichen Investition beim Männchen, zum Beispiel bei Vögeln. Weiterhin besteht ein Zusammenhang zwischen Werbungsverhalten und elterlicher Investition: Bei niedriger Investition ist das Werbungsverhalten gekennzeichnet durch Drohverhalten, Darstellen von Kraft, Vitalität und Furchtlosigkeit sowie Einschüchterungsversuche. Bei erhöhter Investition kommt das Darstellen der Bindungs- und Fürsorgebereitschaft dazu (Futter, Nestmaterial anbieten); Mut und Kraft werden nur durch Angriffe auf Außenstehende demonstriert, nicht mehr durch Bedrohen des Weibchens.

Biologisch ist nach Doris Bischof-Köhler (1993) eine Konkurrenz zwischen Männchen und Weibchen nicht vorgesehen, genauso wenig wie Konkurrenz zwischen Weibchen untereinander. In der Regel besteht eine mehr oder weniger ausgeprägte Dominanz der Männchen über die Weibchen, die wohl als Auswirkung des ursprünglichen Werbungsmusters anzusehen ist.

Die elterliche (parentale) Investition beim Menschen

Beim Vergleich aller uns bekannten Kulturen ergibt sich: Es sind nur 20 Prozent monogam (Daly/Wilson, 1983), und die Monogamie ist primär als kulturelle Errungenschaft zu sehen. Bei fast 80 Prozent der Kulturen ist die gemäßigte Polygynie anzutreffen; das heißt ein Mann hat einige wenige Frauen, nicht selten aufeinander folgend in Form einer »Monogamie auf Zeit«. Das bedeutet eine erhöhte elterliche Investition des Mannes, allerdings nicht bis zur völligen Angleichung an die weibliche Investition wie bei monogamen Lebensweisen.

Mehr als wenigstens zwei Millionen Jahre lebte die Menschheit als halbnomadische Jäger und Sammler (Bischof-Köhler 1985, 1991). Die Frauen bestritten durch Sammeln von Nahrung einen wesentlichen Bestandteil des Lebensunterhaltes. Die Männer trugen durch kooperative

Großwildjagd ihren Teil bei. Dafür waren Risikobereitschaft, Unternehmungslust, Beharrungsvermögen bei Misserfolg und die Bereitschaft zur Kooperation ideale Voraussetzungen. Bei den Frauen waren Umsicht, Vorsicht und die Disposition zu Fürsorglichkeit gefordert, weil sie für das Wohl der Kleinkinder verantwortlich waren. Denn niemand konnte einspringen, um Milch für den Säugling bereitzustellen. Der Übergang zur Sesshaftigkeit fand erst vor etwa 10.000 Jahren statt. Das ist eine zu kurze Zeitspanne, um evolutionsbiologisch ins Gewicht zu fallen.

Kritik an den evolutionsbiologischen Annahmen

Diese evolutionsbiologischen Annahmen treffen aber auch auf Kritik. Doris Krumpholz (2004), Professorin für Sozial- und Kulturwissenschaften an der Fachhochschule Düsseldorf, nennt folgende Kritikpunkte: die Schwierigkeit, diese Annahmen wissenschaftlich zu überprüfen, den naiven Rückgriff auf simple Analogien zwischen Tieren und Menschen und das augenscheinliche Bemühen um eine Rechtfertigung der Diskriminierung von Frauen und der »Untreue« von Männern. Neuere Studien von Dr. Angelika Kümmerling und Manfred Hassebrauck (2001), Professor für Sozialpsychologie an der Universität Wuppertal, sowie von Dr. Dagmar Luszyk (2001) zeigen darüber hinaus, dass jüngere Frauen unserer Zeit, die über gute Ausbildungschancen, eigene ökonomische Ressourcen und Zugang zu Verhütungsmitteln verfügen, eher bereit sind als ältere Frauen, einen Partner zu akzeptieren, der weniger verdient und eine niedrigere Bildung als sie selbst besitzt. Dieses Ergebnis ist nicht mit den evolutionsbiologischen Annahmen vereinbar, da es zeigt, dass Partnerwahlpräferenzen auch von egalitären Lebenschancen und sozialisationsabhängigen Faktoren abhängig sind.

Interessant sind Beobachtungen von Entwicklungspsychologen bei Jugendlichen, die sich erstmalig begegnen und dann eine Gruppenstruktur entwickeln. Jeder bzw. jede muss seinen/ihren Platz in der Gruppe finden. Die sich entwickelnde Gruppenstruktur der Jungen sieht anders aus als die der Mädchen. Ähnlichkeiten mit den Gruppenstrukturen der Erwachsenen in wirtschaftlichen Betrieben sind nicht zu verkennen.

Entwicklungspsychologische Annahmen

a) Männliche und weibliche Strategien des Konkurrenzverhaltens

Ritch Savin-Williams (1979, 1987), Professor für Entwicklungspsychologie an der Cornell University, beobachtete in einer Untersuchung von 13-jährigen, einander unbekannten Mädchen und Jungen in einem Ferienlager (5er Gruppen pro Hütte, nach Geschlechtern getrennt) folgende Verhaltensweisen bei der Rangauseinandersetzung:

Männliche Strategie, wie Ranganspruch bekundet bzw. durchgesetzt wird:

– Körperliche Auseinandersetzung (Wegschubsen, den Anderen brachial vertreiben),
– verbaler Disput,
– Imponierverhalten (im Gespräch dominieren, sich aufspielen, durch lautes Auftreten auf sich aufmerksam machen, den Anderen bedrohen).

Die Beobachtung der Rangverhältnisse unter Mädchen ist schwierig, weil »indirekte« Verhaltensweisen vorherrschen, beispielsweise:

– Ein Mädchen versucht, Anweisungen zu geben, das andere geht aber nicht darauf ein.
– Eine Gruppe schließt ein Mädchen aus.
– Zwei Mädchen bilden eine »Koalition«, um über ein drittes zu lästern.
– Prosoziale Dominanz wird gezeigt durch ungefragt gute Ratschläge oder durch Aussprechen von Verboten (wegen Regelverstoß, Gefährlichkeit).
– Momentane Rangpositionen sind nur erkennbar durch Anerkennung und Lob, durch Imitation sowie durch Komplimente der anderen.

Ritch Savin-Williams (1987) stellte bei Mädchen ein ausgeprägtes Geltungsbedürfnis genauso wie bei Jungen fest. Jedoch ist die Gruppenstruktur von Mädchen und die weibliche Strategie, Geltung zu erlangen, anders als bei Jungen. Doris Bischof-Köhler (1993) spricht von einer männlichen Dominanzhierarchie und einer weiblichen Geltungshierarchie. In Dominanzhierarchien wird ein Rang vor allem durch Imponieren und Einschüchtern erkämpft. Trotz ihrer Wettbewerbsorientiertheit sind sie relativ konfliktfrei und günstig, um schnell zu einem Konsens zu kommen und Entscheidungen zu treffen. Der Einzelne kann mit seiner Meinung zurückstehen. Kreativität und persönliche Belange kommen wenig zur Geltung.

Die Geltungshierarchie ist nach Doris Bischof-Köhler (1993) von der Evolution her gesehen relativ jungen Datums und spezifisch menschlich. Das eigene Selbstwertgefühl wird gesteigert von dem Ansehen in der Gruppe und von der Wertschätzung aufgrund bestimmter Eigenschaften. Es herrscht eine egalitäre Sozialstruktur, denn eventuell ausufernden Dominanzansprüchen wird mit Anerkennungsentzug begegnet. Einem Gruppenmitglied Anerkennung zu zollen, heißt jedoch nicht, sich ihm unterzuordnen. Die Rangordnung ist vergleichsweise instabil. Weil Frauen weniger bereit sind, sich anderen Frauen unterzuordnen, sind weibliche Gruppen konfliktanfälliger (Rosenstiel 1986, zitiert nach Bischof-Köhler 1993).

Tabelle 5: Dominanzhierarchie und Geltungshierarchie nach Bischof-Köhler (1993)

Männliche Strategie: Dominanzhierarchie	Weibliche Strategie: Geltungshierarchie
Hohe Übereinstimmung in Bezug auf den relativen Rang der einzelnen Gruppenmitglieder.	Geringe Übereinstimmung in Bezug auf den relativen Rang der einzelnen Gruppenmitglieder.
Vorrechte werden vorbehaltlos zugestanden. Konfliktreduzierende Wirkung des sich Abfindens mit der eigenen Rangposition.	Vorrechte werden nicht ohne weiteres zugestanden, sondern immer wieder in Frage gestellt.
Rangordnung über mehrere Jahre stabil, wenn die Gruppenzusammensetzung bleibt.	Keine stabile, zeitüberdauernde Rangstruktur.
Rangverhältnisse sind klar erkennbar.	Beobachtung der Rangverhältnisse ist schwierig, weil indirekte Verhaltensweisen vorherrschen.

Geym (1987, zitiert nach Bischof-Köhler 1993) spricht bezüglich der Zusammenarbeit von Männern von einer »Hackordnung« und bezüglich der Zusammenarbeit von Frauen von einem »Krabbenkorb«. Einen Korb voller Krabben kann man ohne Deckel stehen lassen, weil jedes Tier, das versucht, am Rand hochzusteigen, von den anderen zurückgezogen wird. In dieser egalitären Struktur ist das Klima persönlicher, offener, ist eine Meinungsvielfalt möglich, und die Anliegen des einzelnen kommen eher zur Geltung. Entscheidungen zu treffen fällt schwerer, weil niemand nachgeben will und keiner sich hervortun darf.

Deshalb ist die beliebte Dichotomisierung, Männer seien kompetitiv und Frauen kooperativ, zu sehr verkürzt, da die Wettbewerbsorientierung beim Mann mit seiner Unterordnungsbereitschaft einhergeht. Dies ist die Grundlage für die Kooperationsbereitschaft und zwar auch dann, wenn die Beteiligten zuvor miteinander konkurriert haben und dies bei Gelegenheit auch wieder tun werden. Sie tragen nichts nach (Sportsgeist!). Die Kooperationsfähigkeit der Frauen kann reduziert sein, wenn auf Meinungsvielfalt beharrt wird und dadurch die Konsensfindung erschwert wird.

b) Konkurrenzverhalten (Kompetitive Interaktion) zwischen den Geschlechtern

Wenn beide Geschlechter in Konkurrenz treten, ist die männliche Strategie der weiblichen überlegen. Regelmäßig kommt es zu einer Dominanz der Männer über die Frauen. Folgende Besonderheiten der männlichen Strategie sichern die Vorherrschaft (Bischof-Köhler 1993):

Männliche Strategie:

– Rigoroseres Vorgehen,
– Fähigkeit, sich in Szene zu setzen,
– positive Selbsteinschätzung, die dazu führt, keine Chance auszulassen, selbst wenn ein Gewinn äußerst unwahrscheinlich ist,
– Fähigkeit, Misserfolge leicht wegzustecken,
– Neigung, Erfolg dem eigenen Können, Misserfolg den Umständen zuzuschreiben,
– erneute Versuche nach Misserfolg,
– Neigung, sich zu überschätzen und sich auch dort etwas zutrauen, wo die Erfahrung zeigt, dass die Erfolgsaussichten gering sind.

Weibliche Strategie:

– Realistischere Einschätzung der eigenen Gewinnchancen,
– für das Selbstwertgefühl ungünstiger Umgang mit Erfolg und Misserfolg: Erfolg gilt als glücklicher Zufall, Misserfolg eher als eigenes Versagen.

Die realistischere Einschätzung von Gewinnchancen durch Frauen kann von Vorteil sein. Sie ist aber nachteilig im beruflichen Kontext, wenn das eigene Können selbst bei gegenteiligen Erfahrungen unterschätzt wird.

Wenn man nicht gegensteuert, kommen die Unterschiede in der Veranlagung deutlicher zum Vorschein. Deshalb ist es im beruflichen Kontext auch nicht sinnvoll, Frauen und Männer gleich zu behandeln. Vielmehr muss man den individuellen, zum Teil geschlechtsspezifischen Verhaltensunterschieden gerecht werden und besonders bei Frauen deren Stärken, auch die verborgenen, fördern. Auch Doris Bischof-Köhler (1993: 277) fordert: »Nicht Gleichheit, sondern Gleichwertigkeit trotz Verschiedenartigkeit wäre also das Ziel.« Und weiter folgert Doris Bischof-Köhler (1993: 278):

> Das Ideal ist es doch wohl eher, gesellschaftliche Bedingungen anzustreben, unter denen jede und jeder die Variante der Geschlechtsrolle realisieren kann, die ihrer oder seiner Neigung am nächsten kommt. Es wird sich zeigen, in welchem Verhältnis sich dann die Tätigkeitsschwerpunkte verteilen. Nur eine Höherbewertung eines Geschlechts auf Kosten des Anderen dürfte damit nicht verbunden sein. (Bischof-Köhler 1993: 278)

Vor diesem Hintergrund muss man davon ausgehen, dass Frauen auch in Zukunft nicht in gleichem Maße wie Männer in Führungspositionen drängen werden. Da sie aber, wenn sie in Führungsfunktionen gelangt sind, sich als gute, das heißt als team- und sachorientierte Führungskräfte erweisen, ist es sinnvoll, bei gegebenem Potenzial Frauen zu fordern und zu befördern. Dies kann auch dann sinnvoll sein, wenn die betreffende Frau sich selbst nicht aufdrängt, sondern sogar noch Rückenstärkung braucht. Die Potenzialerkennung bei Frauen braucht größere Aufmerksamkeit und Achtsamkeit.

Die weit verbreitete Bescheidenheit der Frauen, was ihr berufliches Fortkommen angeht verbunden mit der Eigenheit, ihr Licht unter den Scheffel zu stellen, erklärt zum Teil auch das folgende Paradox der zufriedenen Mitarbeiterin.

Das Paradox der zufriedenen Mitarbeiterin

Frauen erleben bei ihrer Arbeit schlechtere Bezahlung, schlechtere Arbeitsbedingungen, weniger Eigenverantwortlichkeit und weniger Entscheidungsbefugnis als Männer. Trotz dieser Unterschiede bei charakteristischen Job-Merkmalen zeigen Untersuchungen in den USA, dass Frauen mit ihrer Arbeit genauso zufrieden sind wie Männer. Diese Ungleichheit zwischen objektiven Arbeitsbedingungen und berichteter subjektiver Arbeitszufriedenheit wurde von Faye Crosby (1982), Professorin für Psychologie in Santa Cruz, als »Paradox of the Contented Female Worker« bezeichnet.

Jo Phelan (1994) führt verschiedene Erklärungen an, warum Frauen mit ihren Arbeitsstellen und Arbeitgebern gleichermaßen zufrieden sind wie Männer, obwohl sie für gleiche Leistung geringere Bezahlung erhalten und weniger Ansehen haben. Er sagt:

- Die geringere Bezahlung wird als gerecht wahrgenommen, weil die Frauen weniger in den Job einbringen und weniger Arbeitsaufwand investieren (»job input«).
- Die geringere Bezahlung wird als gerecht wahrgenommen, weil die Frauen sich mit anderen Frauen vergleichen, deren Bezahlung auch niedrig ist.
- Frauen haben ein niedrigeres Anspruchsniveau.
- Männer schätzen Bezahlung und Ansehen (»authority«) mehr als Frauen.
- Die Jobzufriedenheit ist mehr bestimmt durch subjektive Belohnungen im Job als durch die Bezahlung. (Dies gilt für Männer und Frauen.)

Auch Charles Mueller und Jean Wallace (1996) nennen die Bedeutung der »wahrgenommenen Gerechtigkeit« der Bezahlung als Erklärung für das Paradox der zufriedenen Mitarbeiterin.

Ob das heute noch die entscheidenden Gründe sind, sei dahingestellt. Die geringere Bezahlung von Frauen als bei Männern in vergleichbaren Positionen wird häufig zu Recht kritisiert. Eine weitere Erklärung für das Phänomen der zufriedenen Mitarbeiterin könnte die geringere Neigung der Frauen sein, in Wettbewerb und Konkurrenz zu gehen, wie das Muriel Niederle und Lise Vesterlund (2005) untersucht haben (siehe oben). Darüber hinaus ist sicherlich die Arbeits- und Rollenteilung zwischen Mann und Frau, wie sie in Deutschland heute vorwiegend gelebt wird, ein Grund für die Zufriedenheit der Frauen auf Mitarbeiterebene. Frauen haben oft die Führung in der Familie und im privaten Bereich. Sie wollen nicht zusätzlich die Führung und Verantwortung im beruflichen Bereich übernehmen.

Weiblicher Führungsstil

Bisher ließen sich nach Oswald Neuberger (2002) weder bezüglich des Führungsverhaltens noch des Führungserfolges bedeutsame und stabile Unterschiede zwischen männlichen und weiblichen Führungskräften in empirischen Studien nachweisen (siehe zusammenfassend Friedel-Howe, 1990; Wunderer & Dick, 1997). Auch wenn man methodische Probleme berücksichtigen muss, lässt sich festhalten, dass die Rolle einer Führungskraft mit Anforderungen gekoppelt ist, denen sowohl weibliche als auch männliche Führungskräfte gerecht werden müssen. Inwieweit ein geschlechtsspezifisches Ausgestalten möglich ist, ist die Frage.

Nach Heidrun Friedel-Howe (2003) sind die Forschungsergebnisse zur Führungseffizienz weiblicher Manager – gemessen jeweils an der erbrachten Sachleistung und an der Mitarbeiterzufriedenheit – eindeutig und positiv. Sofern sich ein geschlechtlich bedingter Unterschied feststellen lässt, dann zugunsten der Frauen. Jedoch sind weibliche Manager mit größeren Akzeptanzwiderständen seitens ihrer eigenen Kollegen und seitens der ihnen unterstellten Mitarbeiter konfrontiert (vgl. Asplund 1988; Fernandez 1981; Friedel-Howe 1990). Sie erleben dies selbst auch als »Sonder-Stress« (vgl. Davidson/Cooper 1983).

Neueste Erkenntnisse liefert nach Alice Eagly und Linda Carli (2007) eine Meta-Analyse von 45 Studien, die sich mit der Frage des Führungsstils beschäftigt hatten. Der Führungsstil wurde in drei Kategorien eingeteilt: in den transformationalen Stil, in den transaktionalen Stil und in den Laisserfaire-Stil. James MacGregor Burns, ein Politikwissenschaftler, der sich viel mit Führung beschäftigt hat und Biographien über Franklin D. Roosevelt und John F. Kennedy geschrieben hat, hat die Unterscheidung in die beiden erst genannten Stile formuliert. Der transformationale Führungsstil ist folgendermaßen beschrieben: Eine Führungskraft, die vornehmlich diesen Stil praktiziert, wird zum Vorbild, indem sie das Vertrauen ihrer MitarbeiterInnen gewinnt, Ziele setzt, Pläne entwickelt, sich für Neuerungen einsetzt, als Mentor agiert, neue Handlungsspielräume eröffnet und ihre MitarbeiterInnen motiviert, ihr Potenzial voll auszuschöpfen (Bestehendes wird zu Neuem transformiert). Eine Führungskraft, die den transaktionalen Führungsstil praktiziert, baut zu ihren Mitarbeiterinnen eine Beziehung des Gebens und Nehmens auf (Transaktionen werden ausgeführt). Sie appelliert an das Eigeninteresse der MitarbeiterInnen, zeigt Verantwortungsbereiche auf, belohnt für Leistung und bestraft bei Zielverfehlung. Der

Laissez-faire-Stil zeichnet sich durch eine Art Nichtführung aus. Die Führungskraft, die diesen Stil praktiziert, kümmert sich um keinen der oben genannten Punkte groß. Das Ergebnis der Meta-Analyse war, dass weibliche Führungskräfte eher zu dem transformationalen Führungsstil neigten, vor allem wenn es darum ging, MitarbeiterInnen zu unterstützen und zu motivieren, kombiniert mit den Belohnungen des transaktionalen Führungsstils. Männliche Führungskräfte tendieren eher zum transaktionalen Führungsstil, vor allem zu den korrigierenden und disziplinarischen Maßnahmen, entweder aktiv (rechtzeitig) oder passiv (nachträglich). Zu dem Laisser-faire-Stil, bei dem sich die Führungskraft wenig um die Führungsaufgaben kümmert, neigen eher die männlichen als die weiblichen Führungskräfte. Die meisten Studien, die bei der Meta-Analyse berücksichtigt wurden, kommen zu dem Schluss, dass der transformationale Führungsstil, kombiniert mit den Belohnungen und Anreizen des transaktionalen Führungsstils für das Management moderner Unternehmen am besten geeignet ist (vgl. McKinsey, 2008, 2009). So zeigt diese neue Meta-Analyse nicht nur, dass weibliche und männliche Führungskräfte unterschiedliche Führungsstile praktizieren, sondern auch, dass der Stil der Managerinnen im Allgemeinen wirkungsvoller ist. Der Führungsstil der Managerinnen setzt stärker auf Mitwirkung und Zusammenarbeit. Mit diesem kooperativen Führungsstil wollen Managerinnen ihre Ziele erreichen ohne besonders maskulin zu wirken. Da Härte im Führungsverhalten bei weiblichen Führungskräften negativ aufgenommen wird, suchen die Managerinnen wohl einen Weg, wie sie Autorität vermitteln können, ohne autokratisches Verhalten an den Tag zu legen. Dies tun sie, indem sie MitarbeiterInnen in die Entscheidungsfindung einbeziehen und indem sie als motivierende Lehrerin und als positives Vorbild wirken. Sind allerdings zu wenige Frauen im selben Umfeld tätig, die die Berechtigung des kooperativen Führungsstils bekräftigen, so passen sich weibliche Führungskräfte in der Regel dem typisch männlichen Stil an – und der ist manchmal autokratisch (vgl. Henn, 2010). So war auch das Ergebnis der Studie »Women Matter« über weibliche Führungskräfte der Unternehmensberatung McKinsey (2007), dass eine gewisse Anzahl an Frauen in den Führungsgremien nötig ist, um vor dem Hintergrund der traditionellen Machtstrukturen zum Tragen kommen.

Aus der Differenztheorie wurden zwei gegensätzliche Schlussfolgerungen gezogen: die Propagierung von Androgynie und die Forderung nach »Diversity«.

Androgynie

Der androgyne Ansatz fordert die Überwindung der Zweigeschlechtlichkeit, die als kulturelle Zuschreibung interpretiert wird, hin zu einem Zwitter, der das Weibliche und das Männliche vereinigt. In einer Person alles zu fordern, ist ein wirklichkeitsfernes Ideal (vgl. Neuberger 2002: 790f.); es wird deshalb hier nur kurz aufgeführt.

Oswald Neuberger (2002: 791) schildert eine abgemilderte Form der Androgynie, die nicht die weiblichen und die männlichen Positionen in einem einzigen Subjekt personalisiert, sondern für eine Art Bündnisstrategie plädiert: »Männer und Frauen sollen ihre jeweiligen Eigenheiten behalten und nutzen, sich aber zusammentun: vereint marschieren, getrennt schlagen. Dies leitet zur Forderung nach ›Diversity‹ über.« (Neuberger 2002: 791)

Diversity Management

Bei dem Konzept des »Diversity Managements« (Diversity = Vielfalt, Unterschiedlichkeit) geht es darum, soziale Vielfalt für den Unternehmenserfolg nutzbar zu machen. Diversity Management toleriert nicht nur die individuelle Verschiedenheit der MitarbeiterInnen, sondern wertschätzt diese. Das Ziel ist, eine produktive Gesamtatmosphäre im Unternehmen zu erreichen.

Im Fokus sind nicht nur Geschlechtsunterschiede, sondern auch ethnische, religiöse, kulturelle, altersmäßige und körperliche Unterschiede (Neuberger 2002). Vielfalt spielt in allen Unternehmensbereichen eine entscheidende Rolle: in der Produktion wie im Vertrieb, im Marketing wie in der Personalentwicklung. Kulturelle Vielfalt in Bezug auf Geschlecht, Alter, Nationalität, Lebensstil etc. ist zu einem entscheidenden Wettbewerbsvorteil geworden.

Aufgabe des Diversity Managements ist, überwiegend monokulturelle Organisationen in multikulturelle umzuwandeln. In wirtschaftlichen Unternehmen geht es dabei neben Chancengleichheit vor allem um wirtschaftlich sinnvolles und ertragsförderndes Verhalten. Es geht weniger darum, die Benachteiligung von Gruppen oder Menschen zu beseitigen, sondern deren individuelle Stärken zu nutzen. Damit wird dem globalisierten Wirtschaftsleben Rechnung getragen. Denn man kommt gar nicht umhin, die unterschiedlichen Sichtweisen, Erfahrungen, Vorlieben und Fähigkeiten der Mitarbeiter einzubeziehen.

Um Vielfalt zu fördern, sollte vor allem die Personenauswahl und Personenbeurteilung in den Unternehmen auf Diskriminierungs- bzw. Gleichstellungspotenzial überprüft werden. Auf Führungsebene ist es sinnvoll, »Awareness-Trainings« durchzuführen, in denen Diskriminierungen und Vorurteile sichtbar und bewusst gemacht werden. In »Skill-building-Trainings« werden die entsprechenden Fähigkeiten für den Umgang mit der vielfältigen Belegschaft erworben. Mentoring, Networking und Konfliktmanagement-Seminare sind weitere Maßnahmen im Diversity Management, ebenso wie die Beurteilung der Führungskräfte bezüglich ihrer Realisierung von Chancengleichheit (vgl. Henn 2008).

Viele Vorteile von Diversity stehen gewissen Transaktionskosten (für Integration und Kommunikation) und Risiken gegenüber. Hier zunächst mögliche Vorteile (vgl. Krell 2004):

Tabelle 6: Mögliche Wettbewerbsvorteile von Diversity

---

1. Das Beschäftigten-Struktur Argument

Der Anteil der Frauen, Älteren, Menschen mit Migrationshintergrund an der Arbeitnehmerschaft hat sich erhöht. Der Anteil der weißen Männer ist rückläufig. Das spricht gegen eine Personalpolitik, die am vermeintlichen Norm(al)arbeitnehmer orientiert ist.

2. Das Kosten-Argument

In dem Maße, in dem Organisationen vielfältiger werden, wirkt eine schlechte bzw. misslungene Integration derer, die nicht zur dominanten Gruppe gehören, kostensteigernd. Auf der anderen Seite werden diejenigen Organisationen, die diese Probleme lösen, Kostenvorteile erzielen.

3. Das Personalmarketing-Argument

Diejenigen Organisationen mit dem besten Ruf in Sachen Managing Diversity werden im Wettbewerb um das Potenzial von Frauen und der ethnischen Minderheiten die besten Arbeitskräfte gewinnen.

4. Das Marketing-Argument

Eine vielfältig zusammengesetzte Belegschaft, die in der Lage ist, sich auf die Bedürfnisse und Wünsche von Kunden unterschiedlicher kultureller Zugehörigkeit einzustellen, verbessert das Marketing. Dies gilt sowohl für auf multinationalen Märkten tätige Organisationen als auch für solche, die im Heimatland mit Kunden zu tun haben, die anderen Kulturen angehören.

5. Das Kreativitäts-Argument

Weniger Konformität und eine größere Perspektivenvielfalt erhöhen die Kreativität.

6. Das Problemlösungs-Argument

Heterogenität in Entscheidungsgremien und Problemlösegruppen führt zu besseren Entscheidungen. Auch dafür ist die Perspektivenvielfalt maßgeblich.

7. Das Finanzierungs-Argument

Nicht nur Kaufentscheidung, sondern auch Anlageentscheidungen werden in zunehmendem Maße ethisch orientiert. In den USA geht von Fondsgesellschaften inzwischen verstärkt Druck aus, weil diese sich verpflichten, nur in Aktien von Unternehmen zu investieren, die Diversity-Managing Programme haben.

8. Das Flexibilitäts-Argument

Homogene bzw. monokulturelle Organisationen mit so genannten »starken« Kulturen sind veränderungsresistent. Im Gegensatz dazu versprechen multikulturelle Organisationen die in Zeiten großer Umweltveränderungen erforderliche Flexibilität.

9. Das Internationalisierungsargument

Wenn Beschäftigte mit kultureller Vielfalt positiv umgehen, erleichtert dies die Kooperation bei Auslandseinsätzen und bei Verhandlungen mit internationalen Partnern.

Die Unterschiedlichkeiten kreativ zu nutzen, wird nicht immer einfach sein. Die Spannungen können zum Kampf der Kulturen, ethnischen Gruppen, Religionen und Geschlechter führen. Die Unternehmenskultur ist ständig im Wandel (vgl. Neuberger 2002: 793f.). Integration, Kommunikation und Konfliktmanagement werden fortwährende Aufgaben bleiben. Darum muss man Transaktionskosten einplanen und budgetieren. Auf Grund der Bevölkerungsentwicklung und der abnehmenden Zahl der Europäer in der Weltwirtschaft hat dieser Ansatz des Diversity Managements bereits immer mehr an Bedeutung gewonnen.

Gender Mainstreaming/Gender Management

Der Ansatz »Gender Mainstreaming« wird oft aufgrund der gleichen Ziele und Maßnahmen als Unterpunkt zu Diversity Management gesehen. Auch Schunter-Kleemann (2001) sieht die eigentlichen Wurzeln des Gender Mainstreaming im Managing Diversity-Konzept.

Die Begriffe sind folgendermaßen definiert (Schnatmeyer 2003: 17f. vgl. Kuppe/Körner 2002, vgl. Stiegler 2000):

Der Begriff ›Gender‹ umfasst alle sozialen und kulturell definierten Aspekte der Geschlechterrolle und kann als Ergebnis der gesellschaftlichen Sozialisation betrachtet werden [...].
    Der Begriff ›Mainstreaming‹ bedeutet in diesem Zusammenhang, dass sich geschlechtsbewusstes Handeln zur selbstverständlichen Norm – also zum Mainstream – entwickeln soll [...].
    Gender Mainstreaming besteht in der Re-Organisation, Verbesserung, Entwicklung und Evaluation von Entscheidungsprozessen in allen Politikbereichen und Arbeitsbereichen einer Organisation. Das Ziel von Gender Mainstreaming ist es, in alle Entscheidungsprozesse die Perspektive des Geschlechterverhältnisses einzubeziehen und alle Entscheidungsprozesse für die Gleichstellung der Geschlechter nutzbar zu machen.

In Deutschland findet sich der Begriff »Gender Mainstreaming« überwiegend im Öffentlichen Dienst wieder und »Gender Management« sowie »Diversity Management« eher im erwerbswirtschaftlichen Kontext.

Mixed Leadership

Die Erfahrungen der letzten Jahre zeigen, dass es im unternehmerischen Kontext problematisch sein kann, wenn die Aktivitäten, die Frauen fördern sollen, ausschließlich aus dem Diversity Bereich eines Unternehmens gesteuert werden. Häufig gehen sie dann in der Vielzahl anderer Diversity

Themen unter, vor allem auch deshalb, weil Diversity Bereiche häufig personell und finanziell »spärlich« ausgestattet sind.

Hilfreich könnte es sein, wenn sich der Ansatz bzw. der Begriff »Mixed Leadership« stärker durchsetzen würde. »Mixed Leadership« bedeutet, dass ein Unternehmen eine Mischung aus weiblichen und männlichen Führungskräften anstrebt. »Es geht um professionelle Zusammenarbeit von Frauen und Männern in Organisationen«, wie Marlies Fröse, Professorin für Management in Social Organisations an der Fachhochschule Darmstadt, schreibt (2009: 17). Der Begriff Leadership impliziert, dass man sich dieser Thematik in Leadership-Programmen annimmt. Und traditionelle Führungskräfteentwicklung reicht offensichtlich nicht aus, um gemischte Führungsteams aufzubauen. Das bedeutet, dass die spezielle Situation von Frauen und der spezifische Bedarf von Frauen in den Leadership-Programmen der Unternehmen berücksichtigt werden müssen. Eine enge Zusammenarbeit zwischen Personalentwicklung und Diversity Management ergibt sich somit zwangsläufig.

Nach Oswald Neuberger (2002) kann das Diversity Management und damit auch Mixed Leadership dem dekonstruktiven Vorgehen zugerechnet werden, das im folgenden Kapitel angesprochen wird. Denn bei Diversity Management wird zwar auf individueller Ebene auf nutzbarer Differenz beharrt. Auf organisationaler Ebene wird jedoch gefordert, dass sich das Unternehmen fortwährend neu erfindet und seine Identität und Unternehmenskultur nicht als gegeben und konstant, sondern als sich ständig in Veränderungsprozessen befindend, als spannungsreich und inkonsistent ansieht. Alles ist permanent im »Fluß«.

»Frau« und »Mann« sind soziale Konstrukte

Die soziale Realität ist eine gesellschaftliche Konstruktion, die man theoretisch und praktisch nicht nur konstruieren, sondern auch wieder dekonstruieren kann. Dies gelingt, indem man die Konstruktionspläne offenlegt, sowie ihre Entwicklungsgeschichte und die Vielzahl der Abweichungen, Widersprüche und Ausnahmen aufzeigt. Es wird auf Heterogenität gesetzt (vgl. Neuberger 2002).

Zu den sozialen Konstruktionen gehören die Phänomene: »Glass Ceiling« und Labyrinth, »Token Woman«, »Think Manager – Think Male«, »Old Boys Network«, Präsenzkultur, Work-Life-Balance, Networking und Mentoring. Im Folgenden werden diese sozialen Konstruktionen dargestellt und beschrieben.

»Glass Ceiling« – gläserne Decke und Labyrinth

Das viel diskutierte Phänomen »Glass Ceiling«, bzw. »gläserne Decke« bedeutet, dass Frauen zwar im unteren und mittleren Management vertreten sind, dass es aber nur ganz wenige Frauen schaffen, ins Top-Management aufzusteigen. Eine unsichtbare (gläserne) Decke verstellt ihnen den Weg, die nur schwer zu durchdringen ist. Stereotype Verhaltenserwartungen gegenüber Frauen, aber auch informelle Strukturen von Organisationen, Zugehörigkeiten, Netzwerken, informellen Riten und verdeckten Botschaften führen dazu, dass Frauen aus den inneren Zirkeln der Macht ausgeschlossen werden. Dies ist bereits mehrfach erforscht und beschrieben worden (Klenke 1996) und durch eine aktuelle Studie zu Managerinnen der Altersgruppe 50plus von Christiane Funken, Professorin am Institut für Soziologie der TU Berlin, erneut bestätigt worden (Funken 2011).

Im Wesentlichen sind folgende Gründe dafür anzuführen (vgl. Henn 2008; Neuberger 2002: 799):

- Teilweise Defizite in der beruflichen Erfahrung und Qualifikation/ Ausbildung bei Frauen (siehe oben: Studienfachwahl),
- »Old Boys Network« (Männerbünde). Fehlende Integration in Netzwerke, mangelnde persönliche Kontakte (siehe unten: »Old Boys Network«),
- Präsenzkultur in Firmen. Anderer Umgang der Frauen mit Zeit, Beanspruchung der Frauen mit Familienpflichten, benötigte flexiblere Zeiteinteilung widerspricht der Präsenzkultur in den Firmen (siehe unten: Präsenzkultur),
- »Token Woman« (siehe unten),
- »Think Manager – Think Male« (siehe unten),
- Statistische Diskriminierung (siehe oben: Strukturelle Barrieren).

Der letztgenannte Punkt – die statistische Diskriminierung – und nicht etwa ökonomische Gründe tragen zur Existenz der gläsernen Decke bei. Bei der statistischen Diskriminierung geht man davon aus, dass Frauen mehr Berufsunterbrechungen aufweisen und dass sie auf Grund der Doppelbelastung von Familie und Beruf weniger produktiv sind. Aber Margit Osterloh, Professorin für Organisation, Technologie- und Innovationsmanagement in Zürich und Dr. Sabina Littmann-Wernli (2002) haben in ihrer Untersuchung nachgewiesen, dass die Fluktuationsrate von Frauen in Führungspositionen nicht höher ist als die ihrer männlichen Kollegen. Verschiedene Untersuchungen haben gezeigt, dass Frauen wesentlich mehr leisten müssen, um in höhere Positionen befördert zu werden als Männer auf der gleichen hierarchischen Ebene. Ihre Produktivität ist höher und sie sind nicht weniger belastbar.

Somit basiert das Phänomen der »gläsernen Decke« auf Strukturen und auf Konstruktionen. Sie wird aus Überzeugungen und Annahmen konstruiert, die sich bei der Unternehmenskultur, bei der Personalrekrutierung, bei der Personalförderung und der Weiterbildung auswirken. Die gläserne Decke ist irrational und es gibt keinen Grund, hoch qualifizierte Frauen nicht zu fördern.

Der Soziologe Carsten Wippermann (2010) hat folgende drei Mentalitätsmuster bei Männern im Management ausgemacht. Der konservative Typus betrachte die Führungsstufe als inneren Zirkel aus Männern, in dem Frauen eine Irritation darstellen würden und deshalb unerwünscht seien.

Bei diesem Typus kann man eine kulturelle und funktionale Ablehnung von Frauen qua Geschlecht ausmachen. Zudem seien Frauen oft Einzelkämpferinnen und zu sehr am operativen Geschäft verhaftet. Der zweite Typus habe eine emanzipierte Grundhaltung und gehe davon aus, dass Frauen chancenlos gegen die Machtrituale seien. Das Topmanagement verlange Härte und das stehe im Widerspruch zum Frauenbild in unserer Gesellschaft. Frauen, die entsprechend auftreten, würden dann nicht mehr authentisch wirken. Authentizität sei aber ein sehr wichtiger Erfolgsfaktor. Der dritte, individualistisch orientierte Typus verweise darauf, dass das Geschlecht eigentlich keine Rolle bei der Besetzung von Führungspositionen spiele. Aber es gebe nicht genügend Frauen, die die geeignete (ununterbrochene) Berufsbiografie hätten und die authentisch und flexibel genug dafür seien.

Alle drei Haltungen kommen in einem Unternehmen vor. Das heißt: Erfüllt eine Frau eine der genannten Anforderungen, steht sie damit im Widerspruch zu den anderen beiden. Die gläserne Decke ist also dreifach gesichert.

Bereits Karin Klenke (1996) stellte fest, dass Frauen in dieser Situation auf Unternehmensgründungen ausweichen. Nach der vierten Bilanz Chancengleichheit (– Erfolgreiche Initiativen unterstützen, Potenziale aufzeigen), der Bundesregierung (2011), wächst der Anteil der weiblichen Selbständigen kontinuierlich. Am häufigsten gründen Frauen Unternehmen im Dienstleistungsbereich und hier bevorzugt im Gesundheits- und Sozialwesen, Gastgewerbe und Handel. Um Unternehmerinnen den Start in die berufliche Selbstständigkeit zu erleichtern, wurde vom Familienministerium (BMFSFJ) gemeinsam mit dem Bildungsministerium (BMBF) und dem Wirtschaftsministerium (BMWi) die bundesweite Gründerinnenagentur (bga) eingerichtet. Ebenso fördert seit Herbst 2009 das Bildungsministerium gemeinsam mit der Europäischen Kommission das Botschafterinnennetzwerk für unternehmerische Selbstständigkeit von Frauen.

Sonja Bischoff (2005), Professorin für Allgemeine Betriebswirtschaftslehre an der Universität Hamburg, untersucht seit mehr als zwanzig Jahren Berufswege von Frauen im mittleren Management. Sie weist auf den Aspekt hin, dass mit höherer Hierarchieebene der Anteil aufstiegsorientierter Männer ansteigt, während der Anteil aufstiegsorientierter Frauen abnimmt. In ihrer Untersuchung von 2003 konnte sie jedoch erstmalig feststellen, dass mit höherem Einkommen der Anteil der karrierewilligen Frauen zunimmt. Frauen wollen dann in der Hierarchie weiter aufsteigen, wenn sie ebenso viel Geld wie ihre männlichen Kollegen verdienen und wenn sie während ihres Aufstiegs positive Erfahrungen machen.

In ihrer letzten Untersuchung musste Sonja Bischoff (2010) feststellen, dass der Nachteil im Einkommen zementiert zu sein scheint. Die Einkommen der Männer seien in den letzten Jahren explodiert, die der Frauen nur moderat gewachsen. Diese Gehaltsschere wirke negativ. Wer als Managerin weniger verdiene, habe weniger Lust aufzusteigen.

Alice Eagly und Linda Carli (2007) halten die Metapher von der Glasdecke nicht mehr für zeitgerecht, da sie dem Problem nicht gerecht wird. Die Metapher beschreibt eine unüberwindliche Barriere im oberen Bereich der Unternehmenshierarchie. Doch es gibt inzwischen viele lebende Beweise, dass die Glasdecke nicht unüberwindlich ist. Die Metapher suggeriert, dass im unteren und mittleren Management zwischen Männern und Frauen Chancengleichheit herrsche. Das ist jedoch nicht der Fall. Außerdem lässt die Metapher vermuten, dass Frauen in Bezug auf ihre Chancen irregeführt werden, weil sie das Hindernis nur schwer erkennen können, solange sie noch vergleichsweise weit davon entfernt sind. Demgegenüber sind einige Barrieren jedoch alles andere als subtil.

Die Metapher von der Glasdecke tut so, als ob ein einzelnes Hindernis den Weg in Top-Positionen verwehrt und lenkt von den komplexen und vielschichtigen Herausforderungen ab, denen Frauen im Lauf ihres Berufslebens als Führungskraft begegnen müssen. Frauen werden nicht erst kurz vor der obersten Stufe einer Topkarriere abgewiesen, sondern sie scheitern bereits auf den unteren Hierarchieebenen. Das Labyrinth ist heutzutage eine viel zutreffendere Metapher. Es stellt einen schwierigen Weg zu einem erstrebenswerten Ziel dar. Zu diesem gelangt man nicht auf direktem Weg, man braucht Ausdauer, muss sich stellende Problem analysieren und bewältigen, und es gibt viele falsche Abzweigungen und Kehrtwenden. Die Metapher vom Labyrinth steht für Hindernisse und Barrieren, aber die Zielerreichung ist möglich. Sie ist auch nach meiner Meinung sehr zutreffend, denn sie greift die mannigfaltigen Herausforderungen an Frauen auf, die den Weg in die Führungsetagen schaffen wollen.

Positive wie negative Aspekte verbergen sich in dem folgenden Begriff »Token Woman«. Als einzige Frau in Männerrunden ist es zuweilen anstrengend, vor allem als Vertreterin der »Frauen« und nicht als Individuum gesehen zu werden. Der einzigen Frau in einer Männerrunde werden vor allem die geschlechtsstereotypen Eigenschaften der Frauen zugeschrieben und zugewiesen. Da sitzt dann nicht eine Einzelperson mit ihrem spezifischen Eigenschaften, Fähigkeiten und Verhaltensweisen, sondern da sitzt dann eben eine »Frau« im Meeting. Zuweilen bringt es jedoch auch Vorteile mit sich, die Einzige unter Männern zu sein.

»Token Woman« – Exotin sein

Der Begriff »Token Woman« bezieht sich auf eine Frau, die in einem Beruf, einer Organisation oder Hierarchiestufe eine Ausnahme oder Minderheit darstellt. »Token« heißt hier »Aushängeschild«, »Etikett« oder »Hinweiszeichen«. Diese einzelne Frau wird als Vorzeigefrau oder Alibifrau behandelt. Da im Management immer noch wenige Frauen vertreten sind, ist jede weibliche Führungskraft ein »seltenes Ereignis«, eine »Abweichlerin«, die in die männliche Domäne eingedrungen ist (vgl. Friedel-Howe 1990; Neuberger 2002).

Der Token-Status aktiviert die geschlechtsstereotypen Erwartungen. Stärker als in einer Gruppe mit ausgeglichener Geschlechterzusammensetzung wird eine solche Frau mit einem weiblichen Frauenbild verglichen. Dies nennt sich »gender-role spillover«, ein Überschwappen geschlechtsstereotyper Merkmale auf die Rollenerwartungen, mit denen diese Frau konfrontiert wird.

Der herausgehobene Status führt zu einer guten Sichtbarkeit (»Visibility«). Das ist sicherlich ein Vorteil, denn um für den nächsten Karriereschritt in Frage zu kommen, muss man erstmal auffallen und sichtbar sein. Das ist für die einzige Frau in einer Männerrunde ein Leichtes. Für einen Mann unter seinesgleichen – unter all den grauen Anzugträgern – ist das viel schwieriger. Andererseits wird die weibliche Führungskraft genau beobachtet und beurteilt. Jeder noch so kleine Fehler wird besonders deutlich wahrgenommen und ihrem Geschlecht zugeschrieben (»typisch Frau«). Erfolge hingegen machen sie zum Quasi-Mann (»sie steht ihren Mann«, »sie hat Standvermögen«, »sie hat die Hosen an«, »sie hat Biss«).

Dieses Vermännlichen der Frau bei Erfolg rührt von der Vorstellung her, dass Führen und männliche Eigenschaften gut zusammenpassen. Viele denken, dass eine gute Führungskraft männliche Eigenschaften hat. Das männliche Stereotyp ist gekennzeichnet durch Aktivität, Kompetenz,

Durchsetzungsfähigkeit und Leistungsstreben (siehe oben: Stereotype). Daher kommt das Phänomen »Think Manager – Think Male«.

»Think Manager – Think Male«

Unter dem Phänomen »Think Manager – Think Male« versteht man, dass das typische Bild einer Führungskraft dem männlichen Geschlechtsstereotyp entspricht. Diese Bild scheint sich jedoch zu ändern, wenn man an die neuen Anforderungen an die Führungskräfte – Sozialkompetenz, Transparenz und Authentizität des Führungsverhaltens – denkt (vgl. Friedel-Howe 2003; Rosenstiel 2003b). Gerade die Sozialkompetenz wird ja dem weiblichen Geschlechtsstereotyp zugeordnet.

Bereits 1993 verweist Christiane Schiersmann (1993: 350), Professorin für Bildungswissenschaft an der Universität Heidelberg, auf die Notwendigkeit sozialer Kompetenzen in ökonomischen Zusammenhängen. Beruflicher Erfolg von Frauen soll zukünftig möglich sein nicht mehr nur um den Preis der Anpassung an männliche Normen, sondern ebenso unter Wahrung der »weiblichen Identität« bei gleichzeitiger Einflussnahme auf die bisherigen Spielregeln in den Unternehmen (vgl. Brumlop 1992). Die frühere Diskussion um einen weiblichen Führungsstil (siehe oben: Weiblicher Führungsstil) barg die Gefahr der erneuten Festschreibung der Frauenrolle auf traditionelle Geschlechtsstereotype (vgl. Krell 1993; Schiersmann 1993).

Dennoch war das Ergebnis verschiedener Untersuchungen von Dr. Sandra Spreemann (2000), dass Männer und Frauen mit maskulinen äußeren Merkmalen (männlicher Typ) bei der Führungszuschreibung besser abschneiden als Personen mit femininen äußeren Merkmalen. Ebenso werden attraktive Frauen als weniger für Führungspositionen geeignet eingeschätzt wie unattraktive. Diese Aussagen ergänzen die bereits dargestellten Ergebnisse von Christof Baitsch (2004) im Abschnitt Stereotype. Das Phänomen »Think Manager – Think Male« hat also nichts an Aktualität eingebüßt, was durch die Unterrepräsentation der Frauen in Führungspositionen unterstrichen wird. Da so wenige Frauen in den oberen Führungsebenen vertreten sind, spricht man auch von dem »Old Boys Network«:

»Old Boys Network« – Männerbünde

Die oberen Führungsebenen in einer Organisation sind nicht nur eine Männerdomäne, sondern sie funktionieren häufig auch nach Merkmalen von Männerbünden. Daniela Rastetter (1994: 236f.), Professorin für Personal, Organisation und Gender Studies an der Universität Hamburg, nennt folgende Merkmale von Männerbünden:

- der schwierige Zugang,
- die Zugehörigkeit als Privileg,
- ein selbst verordnetes strenges Reglement,
- die Prinzipien von Brüderlichkeit, Gleichheit und Kameradschaft,
- eine strenge Hierarchie trotz Betonung der Brüderlichkeit,
- der Ausschluss von Frauen.

Barbara Bierach (2003: 108f.) zeigt die Verflechtung der Aufsichtsräte in den Großunternehmen auf, die nach dem Motto »keine Krähe hackt einer anderen Krähe die Augen aus« agieren. Der Begriff »Deutschland AG« sei entstanden, sagt sie, »weil eine eingeschworene Kaste älterer Herren sich gegenseitig kontrolliert« (Bierach 2003: 109).

Der Management-Berater Reinhard Sprenger (2010) schreibt: »Die Macht des Klubs kann man täglich erleben: Männliche Manager reden keineswegs schlecht über ihre weiblichen Kollegen, sie reden gar nicht über sie. Oft hat man den Eindruck, es gäbe keine einzige Frau im Management. Und eben, weil die Mitgliedschaft im Klub unbewusst ist, ist sie feiner gewebt, insofern wirkungsvoller und stabiler.« (Sprenger 2010: 4)

Auch Heidrun Friedel-Howe (2003) betrachtet den von Männern praktizierten Ausschluss der Frauen aus den (Karriere-)Netzwerken und Assoziierungszirkeln (»Old Boys Network«) zur Bewahrung und Pflege der männlichen Identität als frauendiskriminierendes Verhalten und damit als angstmotiviert.

Ein Argument, dass gut funktioniert, um Frauen aus den Männerzirkeln fern zu halten, ist das Zeitargument. Führungskraft kann man nur sein, wenn man 50 bis 60 Wochenstunden für die Firma zur Verfügung steht, heißt es landläufig. Wie produktiv man in dieser Zeit für die Firma ist, spielt dabei nicht die überwiegende Rolle. Da Frauen oft noch andere Verpflichtungen haben bzw. sich im privaten Bereich (zum Beispiel bei der Kinderbetreuung) mehr einbringen, werden sie so für Führungspositionen ausgegrenzt und grenzen sich auch selbst aus. Sie trauen es sich selbst nicht zu, da es noch zu wenige Vorbilder gibt. Die selbständigen Unternehmerinnen, deren Zahl immer größer wird, sind gute Vorbilder. Aufgrund Ihrer Selbstständigkeit sind sie in der Lage, Arbeitszeiten und Arbeitsorte frei einzuteilen. Aber nicht jede Frau hat die Möglichkeit, sich in ihrem Beruf selbständig zu machen. Die oft vorherrschende Präsenzkultur in Unternehmen macht es diesen Frauen schwierig bis unmöglich, Karriere zu machen.

Präsenzkultur

In vielen deutschen Unternehmen herrscht eine Präsenzkultur. Dies bedeutet, dass die tatsächliche Anwesenheit eines Mitarbeiters sehr hoch bewertet wird. Die lange Anwesenheit am Arbeitsplatz wird oft unbewusst gleichgesetzt mit Engagement und Einsatz für die Firma. Führungskräfte schätzen das subjektive Gefühl, jederzeit Zugriff auf die Arbeitsleistung des Mitarbeiters zu haben. Die Präsenz in den Arbeitsräumen vermittelt ein subjektives Gefühl der Kontrolle, mehr als es die Ausübung der Tätigkeit von einem Telearbeitsplatz (Homeoffice) aus tun würde.

Personen, die neben ihrer Berufstätigkeit auch anderen Aufgaben und Interessen nachkommen müssen, sind in der Regel in der Lage, den Arbeitsumfang einer Vollzeitstelle auszufüllen, jedoch ohne Bindung an einen betrieblichen Arbeitsplatz, sondern nur in Kombination mit einem Telearbeitsplatz. Da vor allem die Frauen mit privaten Aufgaben (Kindererziehung, Betreuung von pflegebedürftigen Familienangehörigen etc.) betraut sind, ermöglicht eine familienorientierte Personalpolitik und Firmenkultur zwar die Vereinbarkeit von Beruf und Familie, aber noch lange nicht eine Karriere und den Aufstieg ins Management.

Nach Dr. Michaela Kleber (1993) sind die begehrten Arbeitsplätze auf subtile Weise auf Männer zugeschnitten, so dass Frauen Selbstselektion üben und von möglichen Karrieren Abstand nehmen, auch ohne offene Diskriminierung. Sie schreibt:

Echte Frauenförderung setzt daher voraus, daß die geschlechtsspezifische Zuschneidung der Arbeitsplätze selbst erst einmal bewußt wahrgenommen und dann neu überdacht wird. Das bedeutet zum Beispiel, daß der Mythos von der Unent-

behrlichkeit der Führungskräfte, die sie dazu zwingt, weit über die übliche Arbeitszeit hinaus verfügbar zu sein, hinterfragt werden muß. (Kleber 1993: 105)
So ist es nicht verwunderlich, dass viele Frauen sich ihren Bedarf nach Flexibilität erfüllen, indem sie den Weg in die Selbstständigkeit wählen. Im Abschnitt »Glass Ceiling« wurde bereits ausgeführt, dass es viele Firmengründerinnen und weibliche Selbständige gibt.

In einer Studie des Personalberatungsunternehmens Korn/Ferry International (2007) erklärten die weltweit befragten Führungskräfte, dass Telearbeiter schlechtere Karrierechancen haben als jene Kollegen, die ständig im Unternehmen präsent sind. Die Führungskräfte glauben zwar, dass Telearbeiter ebenso produktiv – wenn nicht sogar produktiver – sind als die Kollegen im Büro. Jedoch stehen die Telearbeiter für Kommunikation und Small Talk sowie für das Bilden eines Beziehungsgeflechts und Netzwerks nicht in gleichem Maße zur Verfügung. Auch die Arbeitsabläufe sind an Menschen orientiert, die ständig zur Verfügung stehen. Wer das nicht tut, gehört irgendwann nicht mehr richtig dazu.

Die möglichen Vorteile der Telearbeit, nämlich größere Loyalität, größere Zufriedenheit und längere Verweildauer der Mitarbeiter, sehen die in der Studie von Korn/Ferry International (2007) befragten Unternehmen durchaus, so dass sie sich um Maßnahmen zur Realisierung von »Work-Life-Balance« bemühen, was im folgenden Abschnitt ausgeführt wird.

Work-Life-Balance und Work-Life-Integration

Mit dem soeben besprochenen Thema der Präsenzkultur hängt das Thema »Work-Life-Balance« eng zusammen. Denn die Präsenzkultur in Unternehmen hindert viele Personen, Beruf und das private Leben (zum Beispiel Familie, Gesundheit) adäquat zu vereinen. Es ist wichtig, die vier Lebensbereiche – persönliche Werte, Arbeit und Karriere, Körper und Gesundheit, Beziehungen und Kontakte – miteinander zu verbinden und in Einklang zu bringen.

Work-Life-Balance gehört wie Managing Diversity, insbesondere wie Gender Mainstreaming, zu den wichtigsten neuen Konzepten zur Realisierung von Chancengleichheit. So ergab eine Umfrage der IRR Deutschland gmbH (2007), dass 93 Prozent der befragten Personalverantwortlichen das Thema Work-Life-Balance als »wichtig« bzw. »sehr wichtig« einschätzten.

Seinen Ursprung hat das Konzept der Work-Life-Balance im US-amerikanischen Personalmanagement. Die Maßnahmen betreffen alle Mitarbeiter, das heißt Frauen und Männer, Ältere und Jüngere. Die Unternehmen investieren in Maßnahmen zur Verbesserung der Vereinbarkeit von Privatleben und Beruf, um eine höhere Motivation, höhere Leistung, höhere Loyalität und höhere Belastbarkeit zu erzielen (vgl. Erler 2001: 157f.; Schnatmeyer 2003: 12f.). Maßnahmen zur Work-Life-Balance sollen es MitarbeiterInnen ermöglichen, Berufs- und Privatleben zu vereinen.

In Deutschland ist nicht allgemein bekannt, wie wichtig heute Frauenerwerbstätigkeit für die Geburtenrate, die wirtschaftliche Entwicklung und sogar für eine bessere Entwicklung von Kindern ist. Die skandinavischen Länder beispielsweise haben sowohl eine höhere Erwerbsquote als auch eine höhere Geburtenrate. Und die PISA-Studien haben gezeigt, dass vor allem Länder mit geringer Erwerbsbeteiligung von Frauen schlechte Werte haben.

Heutzutage sagen Unternehmen ihren Mitarbeitern und Mitarbeiterinnen nicht mehr sichere Arbeitsplätze oder hohe Sozialleistungen zu, sondern sie investieren in deren Marktwert durch Qualifizierung und Stärkung der Kompetenzen. Kernpunkt ist die Erhaltung und Erhöhung der »Employability«. Ebenso wird der Erwerb von Kompetenz im Umgang mit punktuell hoher Belastung und Stresssituationen unterstützt sowie die eigenverantwortliche Festlegung der Grenze zwischen Berufs- und Privatleben (»Resilience« – Belastbarkeit). Permanente Überforderung soll durch Änderung der Arbeitsprozesse abgebaut werden (»Redesigning Work«).

Dagmar Schnatmeyer (2003) beschreibt drei Stufen von Maßnahmen zur Realisierung von Work-Life-Balance:

1. Entlastungsstufe:

– Kinderbetreuung durch Tagesmütter, Au-pairs oder firmeneigene Kindergärtnerinnen,
– Concierge-Dienste: Einkäufe, Botengänge, Bestellen von Theaterkarten, Buchen von Reisen, Bügel- und Wäschedienste etc.,
– Beratungsdienste durch externe Agenturen (telefonisch oder per Internet) für kritische Lebenslagen wie Scheidung, Geldsorgen, Erziehungsprobleme etc.,
– Teilzeitarbeit.

2. Kulturwandel der Organisation:

– Gezielte Förderung und Weiterbildung von Frauen,
– Teilzeitarbeit, Flexibilisierung und Heimarbeit für Führungskräfte,
– Befragungen der Mitarbeiter und Bewertungen der Maßnahmen,
– spezielle Seminare für Führungskräfte,
– Leistungsmessung der Führungskräfte an der Umsetzung der Maßnahmen,
– Firmenkalender auch mit wichtigen außerberuflichen und familiären Terminen der Mitarbeiter und Mitarbeiterinnen.

3. Persönlichkeitswachstum:

– Ehrenamtliche Tätigkeiten im sozialen Bereich, dadurch Wachsen der Mitarbeiter und Mitarbeiterinnen in ihrer Persönlichkeit,
– Nutzen des Engagements im sozialen Bereich für Öffentlichkeitsarbeit des Unternehmens.

Dagmar Schnatmeyer (2003: 16) schreibt:

Hinsichtlich der Fragestellung ›Frauen und Führung‹ ist zu bemerken, dass die Maßnahmen zur Entlastung der MitarbeiterInnen auf Stufe eins zwar notwendige, jedoch keine ausreichenden Bedingungen für den verbesserten Aufstieg von Frauen sind. Die entscheidenden Veränderungen werden erst durch die Angebote der Stufe zwei erreicht, beispielsweise durch Modelle für Teilzeitarbeit in den oberen Management-Ebenen.

Firmen können sich eine hohe Fluktuation von qualifizierten und in komplexe Arbeitszusammenhänge eingearbeitete Mitarbeiter und Mitarbeiterinnen nicht erlauben. Die Gewinnung und Einarbeitung einer neuen Person mit allen unsichtbaren Reibungsverlusten und Nebenkosten kostet circa ein volles Jahresgehalt oder mehr. Die bisherige Praxis in Deutschland führte wegen dieser Kosten zu einem Ausschluss der Frauen (siehe oben: Strukturelle Barrieren), da Frauen mit Kindern oft eine sehr lange Auszeit nehmen. Nach Dagmar Schnatmeyer (2003) werden in den USA Konzepte wie die Berufsrückkehr von Müttern zwei bis drei Monaten nach der Geburt mit begleitender Unterstützung bei der Kinderbetreuung bereits praktiziert. Sie (2003: 17) schreibt:»Für Deutschland, einem Land mit starren Ansichten zu Familienstrukturen, setzt dies allerdings einen entsprechenden Kulturwandel voraus.« Prof. Dr. Ernst-H. Hoff, Dr. Stefanie Grote, Dr. Susanne Dettmer, Dr. Hans-Uwe Hohner und Luiza Olos (2005), Arbeitsbereich Arbeits-, Berufs- u. Organisationspsychologie an der Freien Universität Berlin, untersuchten die berufliche und private Lebensgestaltung von Frauen und Männern in hoch qualifizierten Berufen. Sie stellten fest, dass bei Frauen die Integration und Balance der Lebensbereiche überwiegt. Dagegen herrscht bei den Männern eine Segmentation und ein Ungleichgewicht der Lebensbereiche vor. Dies gilt für die alltägliche ebenso wie für die biografische Lebensgestaltung. Allerdings gleichen sich viele Männer in hoch qualifizierten Berufen (im psychologischen Bereich) in ihrer Lebensgestaltung den Frauen an.

Immer öfter wird im Zusammenhang mit Work-Life-Balance stattdessen von Work-Life-Integration gesprochen. Dieser Begriff ist meines Erachtens angemessener. Wichtig ist, Berufliches und Privates sinnvoll miteinander in Einklang zu bringen. Das bedeutet nicht, dass eine Ausgewogenheit im Sinne einer Balance zwischen den Lebensbereichen bestehen muss. Maßnahmen zur Herstellung der Work-Life-Balance bzw. der Work-Life-Integration sind ein bedeutender Aspekt, um Frauen den Weg in die Führungsetagen zu ermöglichen. Ein anderer Weg ist, Netzwerke aufzubauen und zu pflegen und Mentoring-Programme zu installieren.

Networking und Mentoring

Networking als Fähigkeit, mit Menschen geschäftlich und privat Kontakt aufzubauen und zu pflegen, ist ein entscheidender Erfolgsfaktor im Berufsleben, insbesondere für Führungskräfte. Nach dem Motto »Beziehungen schaden nur dem, der keine hat« bemüht man sich um informelle und formelle Netzwerke, innerhalb und außerhalb der Firma. Intelligentes Beziehungsmanagement gilt als hervorragende Möglichkeit, sich Unterstützung aller Art zu holen und der eigenen Karriere einen Schub zu geben (Öttl/Härter 2004). Nach einer Umfrage eines Jobportals im Internet, genannt »Stepstone«, werden fast 40 Prozent der Stellen durch Tipps von Freunden oder Bekannten vermittelt (Lutz 2005). Es geht also nicht nur um die erfolgreiche Ausübung einer Position, sondern auch um die Erhaltung der eigenen Position oder um die Weiterentwicklung auf die nächste Position. Nach Andreas Lutz (2005) ist Networking nicht mehr als Luxus zu betrachten, schneller und eleganter die Karriereleiter emporzusteigen. Vielmehr ziehen die Personen, die über die besseren Kontakte verfügen, nicht nur an den anderen vorbei, sondern sie machen ihnen auch noch den jeweiligen Job streitig, obwohl sie fachlich weniger können.

Männernetzwerke wie zum Beispiel der Lions-Club oder der Rotary Club existieren schon lange. In den letzten Jahren hat sich der Zuspruch zu formellen Netzwerken, insbesondere Frauen-Netzwerken weiter entwickelt, zum Beispiel zum European Women's in Management Development (EWMD e.V.), oder dem Bundesverband der Frau im freien Beruf und Management e. V. (B.F.B.M. e.V.). Dennoch unterschätzen Frauen auch heute noch häufig die Bedeutsamkeit des Networking.

So schreibt auch Heidrun Friedel-Howe (2003), dass Frauen in ihrer allgemeinen Karriereorientierung nicht unbedingt hinter den Männern zurückstehen, dass sie aber die Bedeutung des »Netzwerkens« falsch einschätzen. Zu sehr vertrauen sie auf die Anerkennung guter Leistungen und übersehen dabei die Wichtigkeit, die »richtigen« Leistungen zum »richtigen« Zeitpunkt in die Aufmerksamkeit der »richtigen« Leute zu rücken. Sie bezieht sich dabei auf die Ergebnisse verschiedener Untersuchungen.

Zudem haben sich in den letzten Jahren zahlreiche »Mentoring-Programme« entwickelt, innerhalb von Unternehmen und auch zwischen verschiedenen Unternehmen. Beim Mentoring übernimmt ein Mentor die »Patenschaft« für einen Mentee und steht ihm mit Rat und Tat zur Seite.

Man unterscheidet drei Mentoring-Funktionen (vgl. Blickle/Boujataoui 2005):

– karrierebezogene Unterstützung,
– emotionale Unterstützung und
– Vorbildfunktion.

In der Regel hat der Mentor beruflich eine höhere Position inne und die dementsprechende Berufs- und Lebenserfahrung. Ein Mentor fördert den Mentee individuell und gibt seine Erfahrung an ihn weiter. Es gibt diese Mentor-Mentee-Beziehungen gleichgeschlechtlich – häufig zwischen Frauen – oder gemischt-geschlechtlich.

In ihrer Feldstudie kamen Gerhard Blickle und Mohamed Boujataoui (2005) zu dem Ergebnis, dass weibliche Nachwuchskräfte häufiger »nur« gleichrangige Kollegen und Kolleginnen als Unterstützer hatten, während männliche Nachwuchskräfte öfter Vorgesetzte als Mentoren hatten, die karrierebezogene und damit die bedeutsamere Unterstützung leisteten.

Erwähnt sei auch das nicht gender-orientierte, aber innovative »Web-Mentoring«. Die Mentoren und Mentorinnen sind hierbei internet-kompetente junge Menschen und die Mentees obere Führungskräfte. Es handelt sich nach Monika Rühl (2002), Diversity Managerin bei der Lufthansa AG, also um ein Mentoring »von unten«.

Netzwerke und Mentor-Mentee-Beziehungen haben also Bedeutung. Hingegen scheint das so genannte Bienenkönigin-Syndrom (Bernardoni/Werner, 1987) keine Relevanz zu haben. Diesem zufolge genießt eine Frau in einer Führungsposition ihren herausgehobenen Status und fördert andere Frauen nicht, behindert diese sogar (vgl. Friedel-Howe 2003: 543; Neuberger 2002: 804).

Zusammenfassende Bewertung von Gleichheit, Differenz und sozialen Konstrukten

Die Frage, ob und inwieweit »Mann« und »Frau« gleich sind, inwieweit sie differieren oder »soziale Konstrukte« sind, bleibt letztendlich offen. Auf jeden Fall sind Männer und Frauen in Führungspositionen in unterschiedlichen Situationen. Frauen sind vor weitere zusätzliche Herausforderungen gestellt. Festzuhalten bleibt auch, dass Männer und Frauen gleichwertig sind. Die Stärken beider Gruppen sollten die Gesellschaft repräsentieren und in ihr zum Tragen kommen; und zwar nicht nur in wirtschaftlichen, sondern auch in politischen und kulturellen Systemen.

Oswald Neuberger (2002) schreibt, dass alle drei Positionen – Gleichheit von Frau und Mann, Differenz von Frau und Mann und Dekonstruktion der sozialen Konstrukte »Frau« bzw. »Mann« – in Dilemmata münden. Sie ergänzen sich jedoch als Handlungsimperative.

– Das Gleichheitsdilemma: Die Gleichbehandlung von Ungleichem schreibt Ungleichheit fort.
– Das Differenzdilemma: Die Differenzierung ist die »Fortschreibung und Verstärkung des Stigmas der Abweichung« (Knapp 1998, zitiert nach Neuberger 2002: 809), wenn sich Frauen anders definieren und dabei »den Mann« als Bezugsnorm akzeptieren. Differenzierung heißt aber meines Erachtens nicht zwangsläufig, dass man den Mann als Bezugsgröße akzeptiert.
– Das Dekonstruktionsdilemma: Wenn es keine »weibliche Identität« gibt, muss jede Frau für sich selbst sorgen. Allein aber scheitert fast jede Frau an der Übermacht der Männer und an den bestehenden Konstruktionen in unserer Gesellschaft. Je weniger im Namen aller Frauen gekämpft wird, desto stärker ist jede einzelne Frau auf der Suche nach ihrem Weg auf sich selbst angewiesen.

Gemeinsam ist den drei verschiedenen Positionen – Gleichheit, Differenz und Dekonstruktion –, dass Frauen in Führungspositionen zusätzliche Anforderungen und Herausforderungen bewältigen müssen, mit denen Männer in Führungspositionen nicht konfrontiert sind. Die relevanten Aspekte, gegliedert in die drei Positionen, habe ich im Teil 1 des Buches dargestellt. Ihre Relevanz in der Führungsforschung ist neu, da in früheren Untersuchungen – aufgrund der betrieblichen Gegebenheiten – männliche Führungskräfte untersucht wurden. Frauen in Führungspositionen haben den Weg in die Führungsetagen geschafft, und dies trotz struktureller Barrieren, trotz der Problematiken des weiblichen Stereotyps, der Attribution von Kompetenz, des Selbstmarketings, des Leistungsverhaltens, des Konkurrenzverhaltens, des »Old Boys Networks«, des Labyrinths und der Präsenzkultur. Es ist interessant, von ihnen zu lernen und in der Folge deren Wissen, Erfahrungen, Einstellungen und Verhaltensstrategien für die eigene Karriere zu nutzen.

In meiner Studie gehe ich der Frage nach, ob es im Denken und Verhalten von Frauen Faktoren gibt, die die geringe Anzahl von Frauen in Führungspositionen erklären können. Dabei vergleiche ich Frauen in Führungspositionen nicht mit Männern in Führungspositionen, sondern mit Frauen auf Mitarbeiterebene, die gleich gut qualifiziert sind. Die Bezugsnorm ist also nicht »der Mann« und das Untersuchungsdesign berücksichtigt die frauenspezifischen Problematiken und ihre Situation.

Teil 2
Studie zu Frauen in Führungspositionen

Die Fragestellung der Studie

»Frauen und Führung« ist, wie in Teil 1 des Buches beschrieben, ein komplexes Thema mit vielen Aspekten und Einzelgesichtspunkten. Frauen, die es schaffen in einem Unternehmen bis ins (Top-)Management zu gelangen, sind mit vielen Herausforderungen neben ihrer eigentlichen Aufgabenstellung konfrontiert. Deshalb ist es interessant, ihre Persönlichkeit genauer zu untersuchen und von ihnen zu lernen.

Von Bettina Hannover, Professorin an der Freien Universität Berlin, und Dr. Ursula Kessels (2003) wurden beispielsweise die Erklärungsmuster weiblicher und männlicher Spitzen-Manager zur Unterrepräsentanz von Frauen in Führungspositionen bereits untersucht. Sie stellten fest, dass Frauen und Männer gleichermaßen solche Erklärungsmuster bevorzugen, die das jeweils eigene Geschlecht entlasten: Frauen sehen die Diskriminierung durch männliche Vorgesetzte wie auch ungünstige gesellschaftliche Rahmenbedingungen als bedeutsamer an als Männer. Männer sehen die wesentliche Ursache in einem Mangel an fachlich einschlägig qualifizierten Frauen mit starkem Führungswillen. Bettina Hannover und Ursula Kessels (2003) führen die Erklärungsmuster, vor allem die der Männer, auf die von Alice Eagly, Northwestern University, und Steven Karau (2002), Southern Illiois University at Carbondale, beschriebenen Vorurteile zurück: dass Frauen weniger Führungskompetenz zugeschrieben wird als Männern und dass gleiches Führungsverhalten negativer bewertet wird, wenn es von einer Frau statt von einem Mann gezeigt wird.

Mit dieser Arbeit wurde der Blick auf die Unterschiede zwischen Frauen in Führungspositionen und Frauen auf Mitarbeiterebene gelenkt. Auf Grund der frauenspezifischen Lebens- und Arbeitsbedingungen und der zahlenmäßigen Unterrepräsentation von Frauen in Führungspositionen stellt sich die Frage: Was kennzeichnet Frauen in Führungspositionen? Gibt es Unterschiede bei Frauen in Führungspositionen im Vergleich zu

Frauen auf Mitabeiterebene, die in der Beschreibung der Persönlichkeit deutlich werden? Dabei wurde geprüft, ob es branchenspezifische Einflüsse gibt, das heißt ob es Unterschiede zwischen Frauen der Produktionsbranche und denen in der Dienstleistungsbranche gibt. Die Daten, die mit dem Persönlichkeitsfragebogen erhoben wurden, wurden nach Branchen getrennt ausgewertet.

Rüdiger Hossiep und Michael Paschen (2003: 92ff.) überprüften die Korrelation der erreichten Hierarchiestufe in Unternehmen zu den Dimensionen des »Bochumer Inventars zur berufsbezogenen Persönlichkeitsbeschreibung« bei überwiegend männlichen Führungskräften. Hier zeigen die Dimensionen Führungsmotivation, Durchsetzungsstärke, Selbstbewusstsein, Gestaltungsmotivation und Belastbarkeit höhere Werte als die anderen Dimensionen des Bochumer Inventars. Führungsmotivation ist die mit Abstand bedeutsamste BIP-Dimension für die erreichte Hierarchiestufe, Durchsetzungsstärke ist die mit der nächst höchsten Bedeutsamkeit, gefolgt von den anderen BIP-Dimension. Die Reihenfolge dieser Dimensionen ist also nach der Höhe der Werte der Korrelationen geordnet.

Rüdiger Hossiep und Michael Paschen (2003) weisen jedoch darauf hin, dass die jeweils erreichte Hierarchiestufe nicht nur von der Persönlichkeit, sondern außerdem von der kognitiven Leistungsfähigkeit, von zahlreichen anderen Faktoren und nicht zuletzt auch von der Verfügbarkeit von Führungspositionen abhängig ist.

Darüber hinaus sollen die frauenspezifischen Themen aufgegriffen werden, die in den Abschnitten

- Fremd- und Selbstattribution von Kompetenz,
- Selbstwertgefühl und Selbstdarstellung bzw. Selbstmarketing,
- Leistungsverhalten:»die fleißige Liese und der kluge Hans«,
- Konkurrenzverhalten,
- Paradox der zufriedenen Mitarbeiterin,
- »Glass Ceiling«,
- »Old boys Network«,
- Networking und
- Work-Life-Integration

dargestellt wurden. In diesen Abschnitten sind (zusätzliche) Herausforderungen benannt, die jede weibliche Führungskraft bewältigen muss. Es stellt sich unter anderem die Frage, ob sich weibliche Führungskräfte in ihren Verhaltensweisen von Mitarbeiterinnen unterscheiden, und zwar bezogen auf Umgang mit Misserfolg und Selbstkritik (Selbstattribution von Kompetenz), Eigenmarketing, Macht, Netzwerken, und ebenso bezogen auf den Schwerpunkt des Lebensbereichs, auf die Work-Life-Balance und auf Eigeninitiative.

Das Design der Studie

In meiner Studie habe ich weibliche Führungskräfte mit Mitarbeiterinnen verglichen, das heißt ich habe bereits bestehende Personengruppen befragt. Die Ergebnisse, die auf Basis dieses Untersuchungsdesigns gewonnen werden, dürfen streng genommen nicht kausal interpretiert werden, sondern, man kann nur sagen, dass ein Zusammenhang besteht (Sarris 1992: 177ff.).

Es ist also nicht klar zu beantworten, was ist Ursache und was ist Wirkung? Warum gibt es Unterschiede zwischen den Frauen in Führungspositionen und den Frauen auf Mitarbeiterebene? Liegt es an der Zugehörigkeit zu einer Gruppe oder an der Modifikation, die im Laufe der Berufstätigkeit passiert? Um weitergehende Aussagen treffen zu können, müsste man in ein paar Jahren die Mitarbeiterinnen nochmals untersuchen und überprüfen, welche Entwicklung sie vollzogen haben. Anhand einer solchen Längsschnittuntersuchung könnte man dann eher Aussagen über Kausalzusammenhänge machen.

Dienstleistungs- und Produktionsbranche

Um branchenspezifische Aussagen treffen zu können, wurden Frauen sowohl aus der Dienstleistungsbranche wie aus der Produktionsbranche befragt. In der Dienstleistungsbranche waren Unternehmen aus der Telekommunikation, der Finanzdienstleistung, der IT-Dienstleistung, aus dem Verlagswesen und aus anderen Bereichen vertreten. In der Produktionsbranche waren Firmen aus der Automobilindustrie, der Chemie-, Pharma- und Kosmetikindustrie vertreten sowie auch aus anderen Industriebereichen.

Objektivierte Unterstützung durch das Unternehmen

Innerhalb dieser Branchen wurden sowohl »zertifizierte« wie auch »nicht zertifizierte« Unternehmen für diese Untersuchung kontaktiert, um Aussagen darüber treffen zu können, ob das Bemühen um Chancengleichheit bzw. Familienfreundlichkeit in Unternehmen einen Einfluss hat. Folgende Zertifizierungen wurden in dieser Arbeit berücksichtigt:

– »Audit Beruf und Familie« der Hertie Stiftung,
– Bundeswettbewerb »Der familienfreundliche Betrieb«,
– »Total E-Quality Prädikat«.

»Audit Beruf und Familie« ist eine Initiative der gemeinnützigen Hertie Stiftung (Beruf & Familie gGmbH 2011). Die Initiative dient der Förderung der familienbewussten Personalpolitik, bei dem nicht nur bereits umgesetzte Maßnahmen begutachtet, sondern auch das betriebsindividuelle Entwicklungspotenzial aufgezeigt und weiterführende Zielvorgaben festgelegt werden. Das Zertifikat wird im Anschluss an einen erfolgreichen Auditierungsprozess vergeben.

Der Bundeswettbewerb »Der familienfreundliche Betrieb« wird vom Bundesministerium für Familie, Senioren, Frauen und Jugend veranstaltet (Bundesministerium für Familie, Senioren, Frauen und Jugend, 2001). Eine Jury mit Vertretern aus Politik, Wirtschaft und Wissenschaft entscheidet, welche Unternehmen das Zertifikat »Der familienfreundliche Betrieb« erhalten. Ausgezeichnet werden Unternehmen, die ihre Mitarbeiter und Mitarbeiterinnen bei der Vereinbarkeit von Beruf und Familie unterstützen. Dazu zählen unter anderem flexible Arbeitszeitmodelle, Telearbeit sowie Einrichtungen wie betriebliche Kindergärten.

Das gleiche Vergabeverfahren wird auch vom Verein »Total E-Quality Deutschland e.V.« praktiziert. Er verleiht das »Total E-Quality Prädikat« an Organisationen aus Wirtschaft, Wissenschaft und Verwaltung, die Chancengleichheit als zentrales Element ihrer Personalpolitik umsetzen und so Frauen und Männern gleiche Chancen zur beruflichen Entwicklung eröffnen. Der Verein wird gefördert vom Bundesministerium für Bildung und Forschung und vom Bundesministerium für Familie, Senioren, Frauen und Jugend (TOTAL E-QUALITY Deutschland e.V. 2011a, 2011b).

Bei allen drei Auszeichnungen besteht zwangsläufig ein gewisser Entscheidungsspielraum; sie stellen darum nur bedingt ein objektives Maß für die Unterstützung der einzelnen Mitarbeiterin dar. Man kann jedoch davon ausgehen, dass Unternehmen, die sich um ein solches Zertifikat bemühen, Interesse an und Bemühen um Chancengleichheit und die dazugehörenden Maßnahmen zeigen. Diese Unterscheidung in »zertifiziertes« bzw. »nicht zertifiziertes« Unternehmen wird in dieser Untersuchung als die »objektivierte Unterstützung durch das Unternehmen« bezeichnet. Dies ist also eine (quasi-unabhängige) Variable mit zwei möglichen Ausprägungen.

Subjektiv empfundene Unterstützung durch das Unternehmen

Neben der »objektivierten Unterstützung durch das Unternehmen« wurde auch die »subjektiv empfundene Unterstützung« erhoben. Im Rahmen der Interviews wurden die folgenden beiden Fragen gestellt: »Hat Ihre Firma Sie in Ihrem beruflichen Fortkommen unterstützt?« (Karriereförderung) und »Inwieweit unterstützt Sie die Firma dabei, Privates und Berufliches zu vereinen?« (Vereinbarkeit). Dies ist also eine weitere (quasi-unabhängige) Variable, die so operationalisiert wurde, dass sie ebenfalls zwei mögliche Ausprägungen hat wie die »objektivierte Unterstützung«. So sind beide Variablen besser vergleichbar.

Tabelle 7: Mögliche Antwortmuster für die Variable »subjektiv empfundene Unterstützung«

Frage 1: »Hat Ihre Firma Sie in Ihrem beruflichen Fortkommen unterstützt?«	Antwort	Frage 2: »Inwieweit unterstützt Sie die Firma, Berufliches und Privates zu vereinbaren?«	Antwort
Karriereförderung	Ja	Vereinbarkeit	Ja
Karriereförderung	Ja	Vereinbarkeit	Nein
Karriereförderung	Nein	Vereinbarkeit	Ja
Karriereförderung	Nein	Vereinbarkeit	Nein

Interviewpartnerinnen

Beide Versuchsgruppen bestanden aus je 56 Versuchspersonen das heißt, die Gesamtstichprobe umfasste 112 Versuchspersonen. Von den 112 Versuchspersonen (Vpn) arbeiteten 62 Personen (31 Versuchspersonenpaare, bestehend jeweils aus weiblicher Führungskraft und Mitarbeiterin) in dem selbem Umfeld in der Dienstleistungsbranche, und 50 Personen (25 Paare) arbeiteten in der Produktionsbranche.

Tabelle 8: Versuchspersonen

	Anzahl	Zertifizierte Unternehmen	nicht zertifizierte Unternehmen
Dienst-leistungs-branche	62 Vpn	34 Versuchspersonen (17 Vpn-Paare)	28 Versuchspersonen (14 Vpn-Paare)
Produk-tions-branche	50 Vpn	20 Versuchspersonen (10 Vpn-Paare)	30 Versuchspersonen (15 Vpn-Paare)
Beide Branchen gesamt	112 Vpn	54 Versuchspersonen (27 Vpn-Paare)	58 Versuchspersonen (29 Vpn-Paare)

Bei den Frauen in Führungspositionen handelte es sich um Vorstände, Geschäftsführerinnen und Führungskräfte in Großunternehmen. Wichtig war dabei, dass die Befragten innerhalb der Unternehmen ihre Karriere gemacht hatten und dass sie nicht ein eigenes Unternehmen gegründet oder das Unternehmen geerbt hatten. Es wäre eine völlig andere Ausgangsposition, von Anfang an in der Führungsposition gewesen zu sein und sich nicht auf dem Weg nach oben in einem Unternehmen im Konkurrenzkampf mit anderen durchgesetzt zu haben. Bei den Frauen auf Mitarbeiterebene handelte es sich um Frauen, die keine Führungsaufgabe hatten bzw. die Fachlaufbahn eingeschlagen hatten.

Es wurden nur Frauen befragt, die das gleiche Qualifikationsniveau haben. Denn dies ist eine wesentliche Voraussetzung für die Vergleichbarkeit der beiden Gruppen »weibliche Führungskraft« und »Mitarbeiterin« bezogen auf die Fragestellungen dieser Untersuchung. Schließlich ist das Qualifikationsniveau eine wichtige Voraussetzung, um in Führungspositionen zu gelangen. Jedoch ergab sich aufgrund der betrieblichen Gegebenheiten, dass die Führungskräfte tendenziell älter waren als die Mitarbeiterinnen (siehe folgende Tabelle 9). Eine Aufgliederung in Altersstufen zeigt Tabelle 20.

Tabelle 9: Mittelwert Alter

	Führungskräfte Mittelwert Alter	Mitarbeiterinnen Mittelwert Alter
Dienstleistungsbranche	41.58 Jahre	37.13 Jahre
Produktionsbranche	43.16 Jahre	36.56 Jahre
Beide Branchen gesamt	42.29 Jahre	36.88 Jahre

Die Aufteilung der Versuchpersonen (Vpn) nach Sparten zeigen folgende Tabellen und Abbildungen.

Tabelle 10: Aufteilung der Versuchspersonen nach Sparten in der Dienstleistungsbranche

Dienstleistungsbranche	Anzahl	Prozent
Telekommunikation	14 Vpn	22,6 %
Verkehr/Logistik	14 Vpn	22,6 %
Finanzdienstleistung	12 Vpn	19,4 %
Handel	8 Vpn	12,9 %
IT-Dienstleistung	6 Vpn	9,7 %
Verlagswesen	4 Vpn	6,4 %
Immobilien	4 Vpn	6,4 %

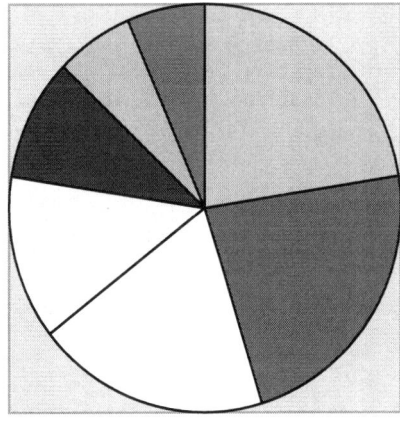

☐ Telekommunikation
■ Verkehr/Logistik
☐ Finanzdienstleistung
☐ Handel
■ IT-Dienstleistung
☐ Verlagswesen
■ Immobilien

Abbildung 1: Verteilung der Stichprobe auf verschiedene Sparten der Dienstleistungsbranche

Tabelle 11: Aufteilung der Versuchspersonen nach Sparten in der Produktionsbranche

Produktionsbranche	Anzahl	Prozent
Automobil/-zulieferer	22 Vpn	44 %
Chemie/Pharma/Kosmetik	14 Vpn	28 %
Elektronik/IT	8 Vpn	16 %
Medizin. Produkte	4 Vpn	8 %
Opt. Industrie	2 Vpn	4 %

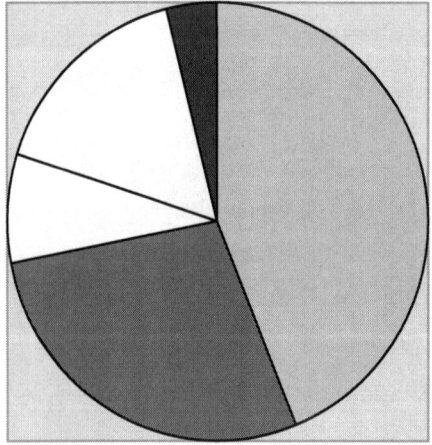

- ☐ Automobil/-zulieferer
- ■ Chemie/Pharma/Kosmetik
- ☐ Medizin. Produkte
- ☐ Elektronik/IT
- ■ Opt. Industrie

Abbildung 2:   Verteilung der Stichprobe auf verschiedene Sparten der Produktionsbranche

Eingesetzte Verfahren

Bochumer Inventar zur berufsbezogenen Persönlichkeitsbeschreibung (BIP)

Bei beiden Versuchsgruppen wurde das Bochumer Inventar zur berufsbezogenen Persönlichkeitsbeschreibung (BIP) von Rüdiger Hossiep und Michael Paschen (2003) zur Erhebung der quantitativen Daten eingesetzt. Mit diesem Fragebogen wurde das Selbstbild der ausfüllenden Person in Bezug auf vierzehn Persönlichkeitsdimensionen erfasst, die als erfolgsrelevant im beruflichen Kontext gelten.

Das BIP-Fragebogenverfahren ist im Wirtschaftskontext im deutschsprachigen Raum das führende Verfahren zur Beschreibung der berufsbezogenen Persönlichkeit. Unter Persönlichkeit wird die Struktur aller Verhaltensdispositionen eines Menschen verstanden (vgl. Amelang/Bartussek 2001; Asendorpf 1999; Hossiep/Paschen 2003; Schneewind 1984). Somit gehören persönliche Motivstrukturen und individuelle Werthaltungen dazu. Berücksichtigen muss man jedoch, dass jeder Persönlichkeitsfragebogen eigentlich eine Selbstbeschreibung ist. Persönlichkeitsorientierte Fragebogenverfahren sind nur dazu geeignet, das Selbstbild eines Testteilnehmers standardisiert zu erfassen. Der Befragte bzw. die Befragte bildet sich Hypothesen darüber, was eine Testfrage erfassen soll und wird sich bemühen, diese Frage dem Selbstbild entsprechend zu beantworten. Da das Bearbeiten eines solchen Fragebogens in dieser Untersuchung keinerlei berufliche Konsequenzen nach sich zog und anonym gehandhabt wurde, kann man im Vergleich zu einer Bewerbungssituation eher davon ausgehen, dass dieses von den Befragten vermittelte Selbstbild nicht »geschönt«, sondern ehrlich ist. Damit erreicht es das Ziel meiner Untersuchung. Das BIP ist zudem ein standardisiertes Verfahren, das über ausreichend hohe Reliabilitäts- und Validitätskoeffizienten verfügt. In Tabelle 12 sind Leitfragen zur Erschließung der 14 Dimensionen aufgeführt.

Tabelle 12: Leitfragen zur Erschließung der BIP-Dimensionen
(Hossiep/Paschen 2003: 55)

Berufliche Orientierung:	
Leistungsmotivation	Inwieweit stelle ich hohe Leistungsanforderungen an mich?
Gestaltungsmotivation	Inwieweit wirke ich auf Prozesse ein?
Führungsmotivation	Inwieweit wirke ich auf andere Personen ein?
Arbeitsverhalten:	
Gewissenhaftigkeit	Wie wichtig sind für mich Detailorientierung und Perfektionismus?
Flexibilität	In welchem Ausmaß bin ich willens, mich immer wieder umzustellen?
Handlungsorientierung	Wie zügig setze ich getroffene Entscheidungen in Handlungen um?
Soziale Kompetenzen:	
Sensitivität	Wie sicher erspüre ich die Gefühle anderer?
Kontaktfähigkeit	In welchem Umfang verhalte ich mich sozial offensiv?
Soziabilität	Wie wichtig ist mir ein harmonisches Miteinander?
Teamorientierung	Wie stark bevorzuge ich Teamarbeit?
Durchsetzungsstärke	Mit welcher Vehemenz verfolge ich anderen gegenüber meine Ziele?
Psychische Konstitution:	
Emotionale Stabilität	In welchem Ausmaß bin ich emotional robust?
Belastbarkeit	Wie viel will und kann ich mir an Belastung zumuten?
Selbstbewusstsein	Wie überzeugt bin ich von mir als Person?

Die mit dem BIP erfassten Konstrukte, genannt Dimensionen, sind nach Rüdiger Hossiep und Michael Paschen (2003: 22) folgendermaßen definiert:

Tabelle 13: Die Definitionen der mit dem BIP erfassten Konstrukte (Hossiep/Paschen 2003: 22)

Dimension	Konzeptualisierung (Bedeutung einer hohen Skalenausprägung)
Leistungsmotivation	Bereitschaft zur Auseinandersetzung mit einem hohen Gütemaßstab; Motiv, hohe Anforderungen an die eigene Leistung zu stellen; große Anstrengungsbereitschaft; Motiv zur fortwährenden Steigerung der eigenen Leistungen
Gestaltungsmotivation	Ausgeprägtes Motiv, subjektiv erlebte Missstände zu verändern sowie Prozesse und Strukturen nach eigenen Vorstellungen gestalten zu wollen; ausgeprägte Bereitschaft zur Einflussnahme und zur Verfolgung eigener Auffassungen
Führungsmotivation	Ausgeprägtes Motiv zur sozialen Einflussnahme; Präferierung von Führungs- und Steuerungsaufgaben; Selbsteinschätzung als Autorität und Orientierungsmaßstab für andere Personen
Gewissenhaftigkeit	Sorgfältiger Arbeitsstil; hohe Zuverlässigkeit; detailorientierte Arbeitsweise; hohe Wertschätzung konzeptionellen Arbeitens; Hang zum Perfektionismus
Flexibilität	Hohe Bereitschaft und Fähigkeit, sich auf neue oder unvorhergesehene Situationen einzustellen und Ungewissheit zu tolerieren; Offenheit für neue Perspektiven und Methoden; hohe Veränderungsbereitschaft
Handlungsorientierung	Fähigkeit und Wille zur raschen Umsetzung einer Entscheidung in zielgerichtete Aktivität sowie zur Abschirmung einer gewählten Handlungsalternative gegenüber weiteren Entwürfen
Sensitivität	Gutes Gespür auch für schwache Signale in sozialen Situationen; großes Einfühlungsvermögen; sichere Interpretation und Zuordnung der Verhaltensweisen anderer

Kontaktfähigkeit	Ausgeprägte Fähigkeit und Präferenz des Zugehens auf bekannte und unbekannt Menschen und des Aufbaus sowie der Pflege von Beziehungen; aktiver Aufbau und Aufrechterhaltung von beruflichen wie privaten Netzwerken
Soziabilität	Ausgeprägte Präferenz für Sozialverhalten, welches von Freundlichkeit und Rücksichtnahme geprägt ist; Großzügigkeit in Bezug auf Schwächen der Interaktionspartner; ausgeprägter Wunsch nach einem harmonischen Miteinander
Teamorientierung	Hohe Wertschätzung von Teamarbeit und Kooperation; Bereitschaft zur aktiven Unterstützung von Teamprozessen; bereitwillige Zurücknahme eigener Profilierungsmöglichkeiten zugunsten der Arbeitsgruppe
Durchsetzungsstärke	Tendenz zur Dominanz in sozialen Situationen; Bestreben, die eigenen Ziele auch gegen Widerstände nachhaltig zu verfolgen; hohe Konfliktbereitschaft
Emotionale Stabilität	Ausgeglichene und wenig sprunghafte emotionale Reaktionen, rasche Überwindung von Rückschlägen und Misserfolgen; ausgeprägte Fähigkeit zur Kontrolle eigener emotionaler Reaktionen
Belastbarkeit	Selbsteinschätzung als (psychophysisch) hoch widerstandsfähig und robust; starke Bereitschaft, sich auch außergewöhnlichen Belastungen auszusetzen und diesen nicht auszuweichen
Selbstbewusstsein	(Emotionale) Unabhängigkeit von den Urteilen anderer; hohe Selbstwirksamkeitsüberzeugung; großes Selbstvertrauen bezüglich der eigenen Fähigkeiten und Leistungsvoraussetzungen

Halbstandardisiertes Interview

Mit jeder Versuchsgruppe wurde auch ein halbstandardisiertes Interview zur Erhebung der qualitativen Daten durchgeführt. Die Interviewfragen zielten auf folgende Einflussfaktoren als Bedingungen von Verhalten (Rosenstiel 2003a):

– persönliches Können (Fähigkeiten und Fertigkeiten),

- individuelles Wollen (Motivation, Werte),
- soziales Dürfen und Sollen (Normen und Regelungen),
- situative Ermöglichung (hemmende und begünstigende äußere Umstände).

Im Interview wurden Daten zu folgenden Themenbereichen erhoben: Ausbildung/Studium; Unterstützung seitens der Firma und des privaten Umfeldes; Zeitgestaltung; Motivation zum Führen; Erfahrungen mit dem Aufgabenbereich Führen; Umgang mit Netzwerk und Macht; Aussagen zu Themen wie Selbstbewusstsein und Eigenmarketing, Misserfolg und Selbstkritik, Aussehen und Kleidung, Vision und Innovation sowie zu »Sonstigem«.

Tabelle 14: Die Interviewfragen im Überblick

Wie lange sind Sie in dieser Firma und wie alt sind Sie?
Wie ist Ihr Werdegang; welche Ausbildung bzw. welches Studium haben Sie absolviert?

Hat Ihre Firma Sie in Ihrem beruflichen Fortkommen unterstützt?
Welchen emotionalen Rückhalt haben Sie privat?
Inwieweit unterstützt Sie die Firma dabei, Privates und Berufliches zu vereinen?

Wie viel Zeit investieren Sie in Ihren Beruf?
Wie sieht ihre Zeitgestaltung aus, haben Sie zum Beispiel feste Termine im Lauf der Woche?
Sind Sie mit ihrer Work-Life-Balance zufrieden?

Was motiviert Sie, Führungskraft zu sein?/Was motiviert Sie, Ihre Funktion auszuüben?

Was empfehlen Sie Frauen, die Führungsfunktionen erreichen wollen?
Warum gibt es Ihrer Meinung nach so wenige Frauen in Führungsfunktionen?
Welche Problematik begegnet Ihnen als (bzw. einer) Frau in einer Führungsposition, die einem Mann nicht begegnet?
Welche Problematik begegnet einem Mann in einer Führungsposition, die einer Frau nicht begegnet?

Gibt es in sich widersprüchliche Handlungsanforderungen an Sie?
Zweifeln Sie oft an der Folgerichtigkeit von Arbeitsabläufen?

Haben Sie jemanden im Unternehmen, mit dem Sie »echte Dialoge« führen?
Was fällt Ihnen ein zum Thema »Frauen und Netzwerk«?
Was fällt Ihnen ein zum Thema »Frauen und Macht«?
Was fällt Ihnen ein zum Thema »Frauen und Selbstbewusstsein«?

Was ist in ihrem Leben wichtig für Ihr Selbstwertgefühl bzw. Ihre Selbstachtung?
Was ist Ihnen wichtiger, beruflicher oder privater Erfolg?

Was fällt Ihnen ein zum Stichwort »sich selbst verkaufen« bzw. »Eigenmarketing«?
Was fällt Ihnen ein beim Stichwort »Frauen und Misserfolg«? Wie gehen Frauen
damit um, wenn sie einen Misserfolg haben?
Was fällt Ihnen ein zum Thema »Frauen und Selbstkritik«?

Was finden Sie wichtig beim Thema »Frauen und Kleidung«?
Was fällt Ihnen ein zum Thema »Frauen und Aussehen«?

Gibt es in Ihrem Unternehmen eine explizit formulierte Vision?
Ist es wichtig, dass es sie gibt?

Antizipieren Sie zukünftige Entwicklungen? Wie antizipieren Sie zukünftige
Entwicklungen?

Wie unterstützen Sie die Entstehung von Innovationen?

Was möchten Sie sonst noch sagen im Zusammenhang mit dem Thema
»Frauen und Führung«?

Ergebnisse des Persönlichkeitsfragebogens BIP

Zunächst werden die Ergebnisse des Persönlichkeitsfragebogens BIP dargestellt, dann die Ergebnisse der Interviews. Bei beiden Gruppen wurden die Mittelwerte (mittels Varianzanalysen) bei den BIP-Dimensionen verglichen. Dieser Vergleich zeigt die Unterschiede bei den berufsbezogenen Persönlichkeitseigenschaften. Auch der Einfluss des Alters der Probandinnen auf die Persönlichkeitseigenschaften wurde geprüft. Ebenso wurde die Wichtigkeit der einzelnen BIP-Dimensionen für die Unterscheidung zwischen den Gruppen »weibliche Führungskraft« und »Mitarbeiterin« ermittelt (vgl. Backhaus u.a. 2003; Gravetter/ Wallnau 2000; Bortz 1999).

Unterschiede zwischen weiblichen Führungskräften und Mitarbeiterinnen

Folgende Mittelwerte der Skalensummen ergaben sich bei den weiblichen Führungskräften und den Mitarbeiterinnen (siehe Tabelle 15). In Abbildung 3 werden diese dann als Durchschnittsprofil einer Führungskraft und als Durchschnittsprofil einer Mitarbeiterin dargestellt. Die Dimensionen, die sich signifikant unterscheiden, sind durch Kursivdruck optisch hervorgehoben.

Tabelle 15: Mittelwerte bei den BIP-Dimensionen

	Führungskräfte Mittelwert			Mitarbeiterinnen Mittelwert		
	G	D	P	G	D	P
Leistungsmotivation	*63.54*	64.00	62.96	*59.02*	59.97	57.84
Gestaltungsmotivation	*50.93*	50.58	51.36	*45.64*	44.45	47.12
Führungsmotivation	*70.71*	71.32	69.96	*55.48*	54.29	56.96
Gewissenhaftigkeit	50.04	49.97	50.12	55.57	57.90	52.68
Flexibilität	*68.29*	68.35	68.20	*60.89*	59.77	62.28
Handlungsorientierung	63.34	64.03	62.48	62.82	63.16	62.40
Sensitivität	*57.32*	58.90	55.36	*54.48*	53.97	55.12
Kontaktfähigkeit	*73.95*	68.00	72.68	*69.43*	74.97	71.20
Soziabilität	56.84	57.84	55.60	59.98	60.32	59.56
Teamorientierung	*59.05*	59.42	58.60	*51.80*	50.26	53.72
Durchsetzungsstärke	*53.07*	53.10	53.04	*47.95*	46.55	49.68
Emotionale Stabilität	*62.63*	63.58	61.44	*57.25*	57.97	56.36
Belastbarkeit	*60.93*	61.87	59.76	*56.29*	56.74	55.72
Selbstbewusstsein	*67.55*	67.81	67.24	*59.66*	58.03	61.68

Anmerkungen: Gesamt (G): N = 112, Dienstleistungsbranche(D): n = 62, Produktionsbranche (P): n = 50.

Im Folgenden ist das durchschnittliches Profil der weiblichen Führungskräfte und das der Mitarbeiterinnen dargestellt. Die oben dargestellten Mittelwerte der Skalensummen (Tabelle 15) wurden in eine neunstufige Normtabelle umgerechnet (Hossiep/Paschen 2003: 130). Die Normierung ist »weibliche Personen«.

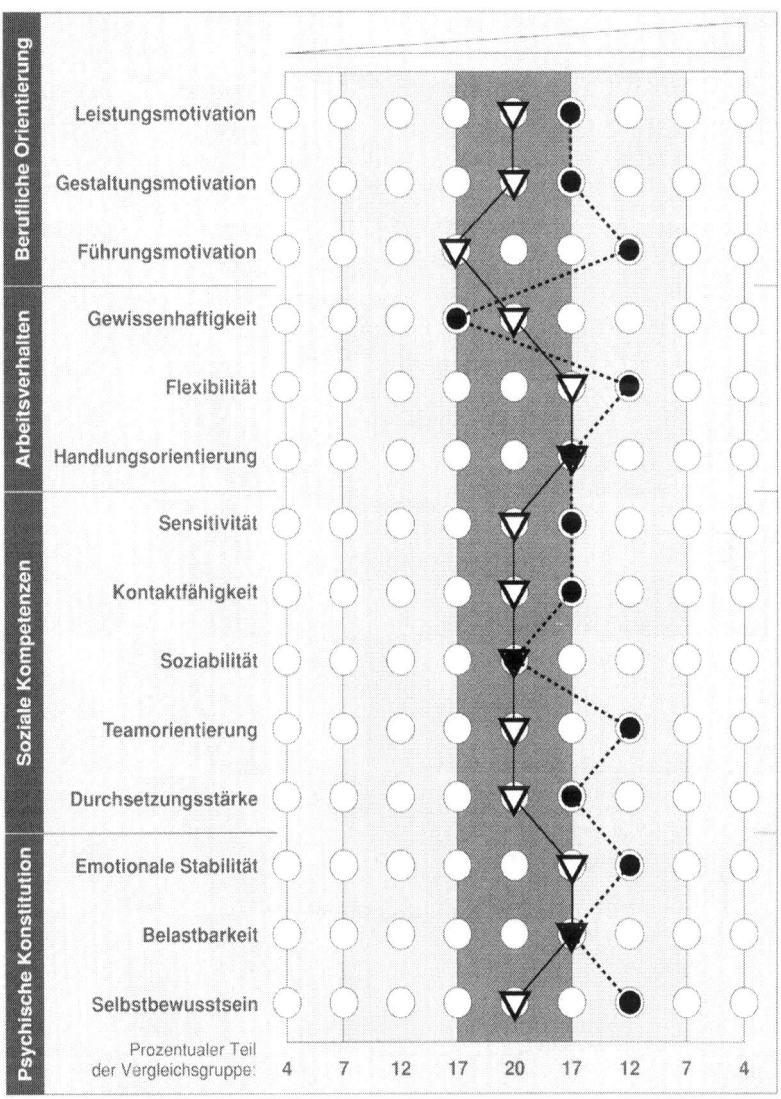

▽   Mitarbeiterin

●   Führungskraft

Abbildung 3:   Durchschnittliches Profil einer Führungskraft und einer Mitarbeiterin

Bei dem Vergleich der Mittelwerte und der dargestellten Profile sind bereits deutliche Unterschiede zwischen weiblichen Führungskräften und Mitarbeiterinnen erkennbar. Die unten folgenden Tabellen 16 und 17 zeigen noch deutlicher, welche BIP-Dimensionen zur Unterscheidung der Gruppe »weibliche Führungskraft« und »Mitarbeiterin« beitragen. Es wurde (mit Hilfe der Diskriminanzanalyse) geprüft, welche Persönlichkeitsdimensionen am meisten zur Unterscheidung zwischen den Gruppen beitragen. Die Gruppenzugehörigkeit, also die berufliche Position mit den Ausprägungen »Führungskraft« und »Mitarbeiterin«, wird als abhängige Variable gesehen, die sich aus den Persönlichkeitsdimensionen ergibt. Diejenigen Persönlichkeitseigenschaften, die am stärksten mit der Linearkombination korrelieren, tragen am meisten zur Unterscheidung der Gruppen bei (Bray/Maxwell 1985; Tabachnik/Fidell 2000) und haben dementsprechend einen höheren Wert in der Spalte »Funktion«. In den folgenden Struktur-Matrizen sind die Korrelationen nach ihrer Höhe geordnet.

Tabelle 16: Strukturmatrix bei Dienstleistungs- und Produktionsbranche

Dienstleistungsbranche		Produktionsbranche	
Führungsmotivation	.765	Führungsmotivation	.622
Teamorientierung	.399	Flexibilität	.339
Flexibilität	.388	Selbstbewusstsein	.323
Gestaltungsmotivation	.372	Leistungsmotivation	.294
Durchsetzungsfähigkeit	.367	Gestaltungsmotivation	.288
Selbstbewusstsein	.358	Teamorientierung	.285
Sensitivität	.290	Durchsetzungsfähigkeit	.223
Gewissenhaftigkeit	-.269	Emotionale Stabilität	.217
Kontaktfähigkeit	.201	Belastbarkeit	.202
Leistungsmotivation	.200	Soziabilität	-.171
Belastbarkeit	.192	Gewissenhaftigkeit	-.118
Emotionale Stabilität	.189	Kontaktfähigkeit	.073
Soziabilität	-.106	Sensitivität	.039
Handlungsorientierung	.036	Handlungsorientierung	.008

Wenn man die beiden Branchen vergleicht, fällt auf, dass in der Dienstleistungsbranche »Teamorientierung« ein gewichtigeres Unterscheidungsmerkmal zwischen Führungskräften und Mitarbeiterinnen ist als in der Produktionsbranche.

Ein weiterer Unterschied zwischen beiden Branchen ist, dass in Produktionsbranche »Selbstbewusstsein« und »Durchsetzungsfähigkeit« auf Mitarbeiterebene stärker ausgeprägt sind als in der Dienstleistungsbranche (siehe Tabelle 15: Mittelwerte bei den BIP-Dimensionen).

Tabelle 17: Strukturmatrix bei beiden Branchen

Beide Branchen Gesamt	Funktion
Führungsmotivation	.807
Flexibilität	.417
Teamorientierung	.406
Selbstbewusstsein	.400
Gestaltungsmotivation	.385
Durchsetzungsfähigkeit	.352
Leistungsmotivation	.277
Emotionale Stabilität	.232
Gewissenhaftigkeit	-.231
Belastbarkeit	.226
Sensitivität	.211
Kontaktfähigkeit	.178
Soziabilität	-.156
Handlungsorientierung	.028

Führungsmotivation ist in allen drei Fällen die im BIP erhobene berufsbezogene Persönlichkeitseigenschaft, die mit Abstand die größte Bedeutung für die Unterscheidung der Gruppen »weibliche Führungskraft» und »Mitarbeiterin« hat. An zweiter Stelle kommen Flexibilität und Teamorientierung. Den Persönlichkeitseigenschaften Selbstbewusstsein, Gestaltungsmotivation und Durchsetzungsfähigkeit kommen ebenso noch eine hohe Bedeutung als Unterscheidungsmerkmale zu. Die weiblichen Führungskräfte unterscheiden sich also von den Mitarbeiterinnen vor allem hinsichtlich Führungsmotivation, Flexibilität, Teamorientierung, Selbstbewusstsein, Gestaltungsmotivation und Durchsetzungsfähigkeit.

Vergleich mit Untersuchungsergebnissen bei Männern

Frauen in Führungspositionen haben im Vergleich zu Frauen auf Mitarbeiterebene eine größere Führungsmotivation, eine höhere Durchsetzungsstärke, ein größeres Selbstbewusstsein, eine größere Gestaltungsmotivation, eine größere Belastbarkeit. Dies sind die Dimensionen, in denen sich auch männliche Führungskräfte von den männlichen Mitarbeitern unterscheiden (Hossiep/Paschen 2003). Dieses Ergebnis ist also analog der Befundlage bei männlichen Versuchspersonen und überrascht nicht. Denn eine starke Ausprägung genau dieser fünf Dimensionen erwartet man bei allen Führungskräften. Im Folgenden sind die Definitionen der diesbezüglichen Begriffe nach Hossiep und Paschen (2003) aufgeführt:

Führungsmotivation
Die weiblichen Führungskräfte haben also im Vergleich zu den Mitarbeiterinnen ein ausgeprägteres Motiv zur sozialen Einflussnahme. Sie bevorzugen Führungs- und Steuerungsaufgaben mehr und schätzen sich selbst mehr als Autorität und Orientierungsmaß für andere Personen ein.

Durchsetzungsstärke
Die weiblichen Führungskräfte haben im Vergleich zu den Mitarbeiterinnen eine stärkere Tendenz zur Dominanz in sozialen Situationen. Ihre Konfliktbereitschaft sowie ihr Bestreben, die eigenen Ziele auch gegen Widerstände nachhaltig zu verfolgen, sind höher.

Selbstbewusstsein
Die weiblichen Führungskräfte haben im Vergleich zu den Mitarbeiterinnen eine stärkere (emotionale) Unabhängigkeit von den Urteilen anderer. Von ihrer Selbstwirksamkeit sind sie mehr überzeugt, und ihr Selbstvertrauen bezüglich der eigenen Fähigkeiten und Leistungsvoraussetzungen ist größer.

Gestaltungsmotivation
Die weiblichen Führungskräfte haben im Vergleich zu den Mitarbeiterinnen ein ausgeprägteres Motiv, subjektiv erlebte Missstände zu verändern sowie Prozesse und Strukturen nach eigenen Vorstellungen gestalten zu wollen. Ebenso haben sie eine ausgeprägtere Bereitschaft zur Einflussnahme und zur Verfolgung eigener Auffassungen.

Belastbarkeit
Die weiblichen Führungskräfte schätzen sich im Vergleich zu den Mitarbeiterinnen als (psychophysisch) hoch widerstandsfähig und robust ein. Ihre Bereitschaft, sich auch außergewöhnlichen Belastungen auszusetzen und diesen nicht auszuweichen, ist stärker.

Festzustellen ist darüber hinaus, dass sich die weiblichen Führungskräfte (insgesamt betrachtet) in noch weiteren Dimensionen von den Mitarbeiterinnen unterscheiden, nämlich in: Leistungsmotivation, Flexibilität, Sensitivität, Kontaktfähigkeit, Teamorientierung und emotionaler Stabilität. Es stellt sich die Frage, warum weibliche Führungskräfte in diesen Dimensionen höhere Werte erzielen.

Leistungsmotivation
Leistungsmotivation ist im BIP definiert als die Bereitschaft zur Auseinandersetzung mit einem hohen Gütemaßstab; als Motiv, hohe Anforderungen an die eigene Leistung zu stellen zur fortwährenden Steigerung der eigenen Leistungen, sowie als eine große Anstrengungsbereitschaft. Durch diese erhöhte Leistungsmotivation zeichnen sich weibliche Führungskräfte aus. Dies ist deshalb interessant, weil die Mitarbeiterinnen bezüglich ihrer Qualifikation den Führungskräften nicht nachstehen. Genauso viele haben ein Aufbaustudium, ein Zweitstudium (zum Beispiel MBA-Studium) oder eine Promotion als zusätzliche Anstrengung geleistet. Studienabbrecher gibt es in dieser Stichprobe nur bei den weiblichen Führungskräften, nicht bei den Mitarbeiterinnen. Die unterschiedliche Persönlichkeitsentwicklung beginnt wohl erst in einer späteren Lebensphase. Anscheinend haben die Mitarbeiterinnen sich zum Zeitpunkt der Befragung (im Alter von 36 Jahren und älter) bereits genug bewiesen, und ihre berufliche Leistungsmotivation nimmt nun ab. Oder die Leistungsmotivation verschiebt sich durch die Umstände auf andere Bereiche. Dies würde zu den Interviewergebnissen bezüglich der Work-Life-Balance und zum »Paradox der zufriedenen Mitarbeiterin« passen (siehe unten).

Nun gilt es, Teamorientierung, Flexibilität, Sensitivität, Kontaktfähigkeit und emotionale Stabilität genauer zu betrachten. Warum erzielen weibliche Führungskräfte bei diesen Dimensionen höhere Werte? Nahe liegend ist, dass all diese Dimensionen eine gute Führungskraft auszeichnen, und dass Frauen nur dann in Führungspositionen befördert werden, wenn sie den Anforderungen an eine Führungskraft in großem Umfang entsprechen. Diese Anforderungen an eine Führungskraft sind im Teil 1 des Buches aufgeführt. Gefordert sind zum Beispiel Teamarbeit und Flexibilität, und diese entsprechen den BIP-Dimensionen Teamorientierung und Flexibilität. So erklären sich die höheren Werte bei diesen beiden Dimensionen.

Teamorientierung, Flexibilität

Teamorientierung ist im BIP definiert als hohe Wertschätzung von Teamarbeit und Kooperation, als Bereitschaft zur aktiven Unterstützung von Teamprozessen und als bereitwillige Zurücknahme eigener Profilierungsmöglichkeiten zugunsten der Arbeitsgruppe.

Flexibilität ist im BIP definiert als hohe Bereitschaft und Fähigkeit, sich auf neue oder unvorhergesehene Situationen einzustellen und Ungewissheit zu tolerieren; zudem als Offenheit für neue Perspektiven und Methoden und als hohe Veränderungsbereitschaft.

Sensitivität, Kontaktfähigkeit und emotionale Stabilität

Weitere Anforderungen an Führungskräfte sind: kommunikative Kompetenz, Partizipation, Konfliktmanagement, Management of Diversity und interkulturelle Managementfähigkeiten. Diesen Anforderungen kann man besonders mit Sensitivität, Kontaktfähigkeit und emotionaler Stabilität gerecht werden.

Sensitivität ist nämlich im BIP definiert als gutes Gespür auch für schwache Signale in sozialen Situationen, als großes Einfühlungsvermögen sowie als sichere Interpretation und Zuordnung der Verhaltensweisen anderer.

Kontaktfähigkeit ist im BIP definiert als ausgeprägte Fähigkeit und Präferenz des Zugehens auf bekannte und unbekannte Menschen sowie des Aufbaus und der Pflege von Beziehungen und als aktiver Aufbau und Aufrechterhaltung von beruflichen wie privaten Netzwerken.

Emotionale Stabilität ist im BIP definiert als ausgeglichene und wenig sprunghafte emotionale Reaktion, als rasche Überwindung von Rückschlägen und Misserfolgen und als ausgeprägte Fähigkeit zur Kontrolle eigener emotionaler Reaktionen.

Weibliche Führungskräfte müssen aber eben nicht nur den Anforderungen an Führungskräfte gerecht werden, sondern sie haben in einem männlich geprägten Kontext zusätzlich noch einen Sonderstatus. Wahrscheinlich müssen weibliche Führungskräfte mehr Kontaktfähigkeit und Sensitivität aufweisen als männliche Führungskräfte, die sich leichter im »Old Boys Network« zurechtfinden. Emotionale Stabilität hilft sicherlich, um mit dem »Token Woman«-Phänomen zu Recht zu kommen. Hinzu kommt, dass Frauen auf dem Weg in hierarchisch höhere Positionen zusätzlich zu dem üblichen Auswahlverfahren die strukturellen Barrieren überwinden müssen. Und im Auswahlverfahren selbst wird das »Risiko« oder das »Wagnis«, eine Frau zu befördern oder einzustellen, sehr genau geprüft. Das bedeutet, dass Frauen den Anforderungen an eine Führungskraft in erheblich höherem Umfang entsprechen müssen als Männer, um befördert zu werden. Oder anders ausgedrückt: Die Wahrscheinlichkeit, dass eine Frau, die den Anforderungen nur mittelmäßig entspricht, eine Führungsposition erreicht, ist sehr gering. Bei Männern, die weder die Sondersituation noch die strukturellen Behinderungen überwinden müssen und bei denen das »Think Manager – Think Male«-Phänomen unterstützend wirkt, ist diese Wahrscheinlichkeit erheblich größer.

Auf die Unterscheidung zwischen Aufstiegseffizienz und Führungseffizienz habe ich bereits hingewiesen. Frauen zeichnen sich im Vergleich zu Männern zwar mit einer gleich hohen Führungseffizienz aus, weisen aber eine geringere Aufstiegseffizienz auf. Auch die wahrgenommene Ähnlichkeit bei der Auswahl von Bewerbern spielt eine wichtige Rolle (Maume, 2004; Powell, 1993). Und da die oberen Führungspositionen in der Regel mit Männern besetzt sind, werden auf den niedrigeren Führungsebenen auch eher Männer eingestellt. Zusätzlich sind Stereotype über die Führungsfähigkeiten bzw. -unfähigkeiten von Frauen zum einen schwer zu widerlegen, und zum anderen brauchen sie nur wenige Auslöser, um wirksam zu werden (Günther/Gerstenmaier, 2005).

Reinhard Sprenger (2001) weist ebenso auf die Auswahlpraxis in Unternehmen hin. Diese ist gekennzeichnet durch Systemkonformität nach dem Motto »Schmidt sucht Schmidtchen«. Das bedeutet, dass eine Führungskraft sich bevorzugt einen ihr ähnlichen Mitarbeiter sucht, jedoch einen, der weniger geeignet oder qualifiziert als sie selbst ist, um die eigene Position nicht zu gefährden. Reinhard Sprenger (2001: 108) schreibt: »An der Unternehmensspitze: mehrheitlich Männer ohne Eigenschaften. Konturlos, konform und austauschbar, und gerade deshalb nicht selten mit kaum gezügelter Profilierungssucht und eloquenter Selbstdarstellung ausgestattet. Klar es gibt Ausnahmen.« Weiter schreibt er: »Anpassung, Kritiklosigkeit und Risikoarmut sind in den oberen Führungsetagen zweifellos mehr verbreitet als Eigenständigkeit, Mut und Ideenreichtum«. Es verlangt Mut, sich über Konventionen hinwegzusetzen und eine Frau zu befördern; und es verlangt ausgeprägtes Selbstbewusstsein, um die Angst vor der Frau im Management zu überwinden.

Vergleicht man die Reihenfolge der BIP-Dimensionen, bei denen sich die weiblichen Führungskräfte und die Mitarbeiterinnen am stärksten unterscheiden mit den Ergebnissen bei vorwiegend männlichen Führungskräften und Mitarbeitern (Hossiep/Paschen 2003), erkennt man sowohl inhaltliche Abweichungen als auch Unterschiede in der Reihenfolge. Die Dimension Führungsmotivation, die an erster Stelle steht, trägt am meisten zur Unterscheidung der Gruppen bei, wie bereits in Tabelle 17 dargestellt. Die anderen Dimensionen folgen geordnet nach ihrer Bedeutung als Unterscheidungsmerkmal.

Tabelle 18: Unterschiede bei Frauen und Männern

Wichtigste Unterscheidungsmerkmale zwischen weiblichen Führungskräften und Mitarbeiterinnen	Wichtigste Unterscheidungsmerkmale zwischen vorwiegend männlichen Führungskräften und Mitarbeitern
Führungsmotivation	Führungsmotivation
Flexibilität	*Durchsetzungsstärke*
Teamorientierung	Selbstbewusstsein
Selbstbewusstsein	Gestaltungsmotivation
Gestaltungsmotivation	*Belastbarkeit*

Weibliche Führungskräfte unterscheiden sich von den Mitarbeiterinnen vor allem bei der Führungsmotivation, dann als nächstes bei Flexibilität, Teamorientierung, Selbstbewusstsein und Gestaltungsmotivation. Männliche Führungskräfte unterscheiden sich von den Mitarbeitern auch vor allem bei der Führungsmotivation, dann aber als nächstes bei Durchsetzungsstärke, Selbstbewusstsein, Gestaltungsmotivation und dann bei Belastbarkeit. Bei den Männern treten die Dimensionen Flexibilität und Teamorientierung nicht als Unterscheidungsmerkmal auf. Dafür sind bei den Frauen die Dimensionen Durchsetzungsstärke und Belastbarkeit nicht unter den ersten fünf Plätzen.

Frauen in Führungspositionen zeichnen sich vor allem durch ihre hohe Flexibilität und Teamorientierung aus. Diese Ergebnisse korrespondieren mit den bereits dargestellten Ergebnissen zum weiblichen Führungsstil von von Alice Eagly und Linda Carli (2007). Frauen befinden sich in einer anderen Situation als Männer und müssen andere Verhaltensweisen zeigen als Männer, um zum Ziel zu kommen. Die in Tabelle 18 gezeigte andere Reihenfolge der Unterscheidungsmerkmale ist auch ein Hinweis darauf, dass Männer und Frauen unterschiedliche Führungsstile praktizieren. Die hohe Teamorientierung der Frauen passt zu einem kooperativen Führungsstil. Maskulines Verhalten oder Härte im Führungsverhalten wird Frauen häufig übel genommen. So erscheint bei den Frauen Durchsetzungsstärke nicht unter den ersten fünf wichtigsten Unterscheidungsmerkmalen.

Interessant ist auch, dass die Dimension Belastbarkeit bei den Frauen nicht unter den ersten fünf Unterscheidungsmerkmalen erscheint, hingegen bei den Männern schon. Frauen auf Mitarbeiterebene scheinen auch recht belastbar zu sein, wobei wohl diese Frauen auch außerberufliche Belastungen bewältigen.

Der Einfluss des Alters auf die Persönlichkeitseigenschaften

Der Zusammenhang zwischen dem Alter der Versuchspersonen sowie deren Ausprägungen hinsichtlich der einzelnen BIP-Dimensionen wurden sowohl für die Dienstleistungs-, die Produktionsbranche und für beide Branchen geprüft. Bei beiden Branchen insgesamt besteht ein signifikanter Zusammenhang zwischen dem Alter der Personen und den Persönlichkeitseigenschaften Gestaltungsmotivation, Führungsmotivation, Gewissenhaftigkeit, Soziabilität, Durchsetzungsstärke und Selbstbewusstsein. Das Alter hat also einen Einfluss auf die Ausprägung dieser Eigenschaften. Bei Gewissenhaftigkeit und Soziabilität geht höheres Alter mit jeweils geringeren Ausprägungen dieser Eigenschaften einher. Dagegen steigt mit zunehmendem Alter die Ausprägung von Gestaltungsmotivation, Führungsmotivation, Durchsetzungsstärke und Selbstbewusstsein.

Wenn man die Dienstleistungsbranche getrennt betrachtet, ergibt sich das gleiche Ergebnis. Bei der Produktionsbranche allein betrachtet ergeben sich bei den Dimensionen Gestaltungsmotivation, Gewissenhaftigkeit, Soziabilität und Selbstbewusstsein keine signifikanten Ergebnisse, sondern nur bei Führungsmotivation und Durchsetzungsstärke.

Auch Roberts, Walton und Viechtbauer (2006) kommen in ihrer Meta-Analyse der Längsschnittuntersuchungen zu Veränderungen von Persönlichkeitseigenschaften zu dem Schluss, dass Persönlichkeitseigenschaften sich im Laufe des Lebens verändern. Dabei kommt dem jungen Erwachsenenalter eine größere Bedeutung zu als der Adoleszenz. Sie kommen zu dem Ergebnis, dass Personen dazu tendieren, im Laufe des jungen Erwachsenenalters sozial dominanter, gewissenhafter und emotional stabiler zu werden.

Der Begriff »sozial dominant« korrespondiert mit den BIP-Dimensionen Führungs- und Gestaltungsmotivation sowie Durchsetzungsstärke. Bei diesen weisen die Führungskräfte in meiner Untersuchung höhere Werte auf als die Mitarbeiterinnen. Dies ist sicherlich zum Großteil auf die Rolle der Führungskräfte zurückzuführen und ist gerade für Führungskräfte kennzeichnend. Ein kleiner Teil dieses Unterschiedes kann eventuell jedoch auch auf das höhere Alter zurückgeführt werden. Genau das Gleiche trifft auch auf die Dimension emotionale Stabilität zu.

Ein weiteres Ergebnis der vorliegenden Untersuchung war, dass die Führungskräfte bei der Eigenschaft Gewissenhaftigkeit einen niedrigeren Wert haben als die Mitarbeiterinnen. Die niedrigeren Werte der Führungskräfte bei der Dimension Gewissenhaftigkeit entsprechen nicht den Ergebnissen von Roberts u. a. (2006). Dadurch kommt den Ergebnissen meiner Untersuchung eine größere Bedeutung zu. Denn nach Roberts u.a. (2006) müssten die Führungskräfte aufgrund des höheren Alters einen höheren Wert haben. Da das Gegenteil der Fall ist, scheint auch die Gewissenhaftigkeit ein gewichtiges Unterscheidungsmerkmal für die beiden Gruppen – weibliche Führungskräfte und Mitarbeiterinnen – zu sein. Der niedrigere Wert der Führungskräfte bei Gewissenhaftigkeit ist sicherlich zurückzuführen auf die berufliche Rolle einer Führungskraft und auf die Anforderungen an sie. Eine Führungskraft soll den Überblick haben, Aufgaben delegieren und sich nicht »gewissenhaft« in Details bzw. Einzelheiten verlieren.

Weitere Ergebnisse

Sowohl für die Dienstleistungsbranche, die Produktionsbranche als auch für beide Branchen gesamt gelten folgende Ergebnisse:

Es wurde kein Zusammenhang zwischen *»objektivierter«* und *subjektiv empfundener* Unterstützung gefunden.

Ebenso wurde kein Zusammenhang zwischen der beruflichen *Position* und der subjektiv empfundenen Unterstützung bzgl. der *Karriereförderung* gefunden.

Jedoch war ein Zusammenhang zwischen der beruflicher *Position* und der subjektiv empfundenen Unterstützung bzgl. der *Vereinbarkeit* von Beruf und Privatem bei den Mitarbeiterinnen aufgetreten. Die Mitarbeiterinnen fühlen sich signifikant häufiger unterstützt als die weiblichen Führungskräfte.

Ergebnisse der Interviews

Im Folgenden sind die Antworten auf die Interviewfragen dargestellt. Diese Antworten wurden am häufigsten genannt, oder sie weisen einen signifikanten (statistisch bedeutsamen) Unterschied zwischen Frauen in Führungspositionen und Frauen auf Mitarbeiterebene auf. Dieser Fall ist ausgewiesen, indem in der »χ^2-Spalte« ein Wert steht. Durch die offene Fragestellung ist die Bandbreite der Antworten sehr groß, und viele interessante Einzelnennungen sind erfolgt, die leider nicht dargestellt werden können. Im Interesse der Übersichtlichkeit wurde auch auf die Aufteilung in Dienstleistungs- und Produktionsbranche verzichtet. In den folgenden Tabellen steht »F« für weibliche Führungskräfte und »M« für Mitarbeiterinnen. Beide Gruppen bestehen aus 56 Teilnehmerinnen. Es wurde ein sog. Chi²-Test gerechnet (Prüfgröße: χ^2 (1, $N = 112$) = 3.84, $p < .05$), um zu prüfen, ob sich die Gruppen statistisch signifikant unterscheiden. Je höher der Wert ist, umso signifikanter ist der Unterschied zwischen den Gruppen. Der Wert muss mindestens 3.84 sein, um signifikant zu sein.

Im Interview wurde zu Beginn Alter, Betriebszugehörigkeit und Qualifikation der Befragten festgehalten. Bei der Dauer der Betriebszughörigkeit sind keine nennenswerten Unterschiede festzustellen, denn jede Dauer von mehr als 10 Jahren gilt als lange Zugehörigkeit. Tendenziell weisen weibliche Führungskräfte eine lange Firmenzugehörigkeit auf.

Tabelle 19: »Wie lange sind Sie bei der Firma?«

Dauer der Betriebszugehörigkeit	F	M	χ^2
Bis 5 Jahre	10	18	
6 bis 10 Jahre	19	22	
11 bis 15 Jahre	11	10	
16 bis 20 Jahre	10	4	
21 bis 25 Jahre	1	2	

| 26 bis 30 Jahre | 1 | 0 | |
| über 30 Jahre | 4 | 0 | 4.14 |

Das Gros der Befragten hat das Alter von 36 bis 45 Jahren. Am häufigsten vertreten ist die Altersklasse von 36 bis 40 Jahren (Modalwert). Die Mitarbeiterinnen waren im Durchschnitt jünger als die Führungskräfte.

Tabelle 20: »Wie alt sind Sie?«

Alter	F	M	χ^2
bis 30 Jahre	1	13	11.74
31 bis 35 Jahre	5	12	
36 bis 40 Jahre	18	16	
41 bis 45 Jahre	15	13	
46 bis 50 Jahre	9	1	7.02
51 bis 55 Jahre	6	1	
über 55 Jahre	2	0	

Die Führungskräfte und die Mitarbeiterinnen unterscheiden sich hinsichtlich ihrer Ausbildung und ihres Studiums nicht. Dies ist eine wichtige Voraussetzung für die Vergleichbarkeit der beiden Gruppen, denn die Qualifikation ist zweifelsohne eine wichtige Voraussetzung dafür, eine Führungsposition zu erlangen.

Tabelle 21: »Welche Ausbildung bzw. welches Studium haben Sie absolviert?«
(Mehrfachnennung möglich)

Ausbildung/Studium	F	M
Ausbildung	7	7
Studium	36	40
Ausbildung und Studium	11	9
Promotion, Aufbaustudium, European Business School, MBA, 2. Studium, Abendstudium	14	10
abgebrochenes Studium	4	0
Zusatzausbildung	2	3

Führungskräfte hatten signifikant häufiger einen unterstützenden Vorgesetzten oder Mentor. Führungskräfte fühlen sich auch signifikant häufiger unterstützt von ihrer Firma, unter der Voraussetzung, dass sie Eigeninitiative gezeigt und Ansprüche angemeldet haben, aber auch durch Netzwerk-Angebote und Mentoring-Programme.

Tabelle 22: »Hat Ihre Firma Sie in Ihrem beruflichen Fortkommen unterstützt?«
(Mehrfachnennung möglich)

Antworten	F	M	χ^2
Ja, Vorgesetzter oder Mentor hat Position angeboten	39	15	20.6
Ja, durch Seminare, Führungskräftenachwuchsprogramm	20	23	
Ja, Learning on the job, habe alle 3 Jahre was anderes gemacht	15	14	
Ja, wenn ich Eigeninitiative gezeigt habe	14	5	5.12
Ja, wenn ich gefragt, Ansprüche angemeldet habe	11	3	5.24
Ja, durch Netzwerk, Kontakte knüpfen	9	1	7.02
Ja, durch Mentoring Programm	7	0	7.46
Ja, berufsbegleitendes Studium finanziert, summerschool	5	9	
Nein, keine Angebote oder Karriereplanung, alles hart erkämpft	6	9	
Nein, hatte keinen Mentor	3	4	
Nein, wurde durch Führungskraft ausgebremst, hat nicht unterstützt	1	4	
Nein, aber man hat mich nicht behindert	1	0	

Befragt nach dem privaten emotionalen Rückhalt für das berufliche Engagement fühlen sich Führungskräfte und Mitarbeiterinnen gleichermaßen unterstützt von ihren Ehemännern, ihrer Herkunftsfamilie und ihren Freunden.

Bei 25 Prozent der Führungskräfte wird ihr berufliches Engagement nicht als störend empfunden, weil der Mann selbst viel arbeitet und wenig Zeit hat. Dies tritt in Ehen bzw. Partnerschaften auf, in denen es keine anderen Verpflichtungen wie zum Beispiel Kinderbetreuung gibt (Double income, no kids, DINC-Ehen).

Wenig private Unterstützung haben circa 18 Prozent der Frauen in Führungspositionen.

Tabelle 23: »Welchen emotionalen Rückhalt haben Sie privat für Ihr berufliches Engagement?« (Mehrfachnennung möglich)

Antworten	F	M	χ^2
Volle Unterstützung durch den Mann. Mein Mann steht dahinter. Mein Mann hat mich »gepusht«.	40	44	
Mann arbeitet auch viel, ist selbst engagiert. Verständnis, dass es Spaß macht, 12 Stunden/Tag zu arbeiten.	14	1	13
Herkunftsfamilie und Freunde.	13	11	
Mann übernimmt (viel im) Haushalt, Privates, Kinder.	7	9	
Wochenendbeziehung. Während der Woche lange Arbeitszeit.	5	1	
Wenig Unterstützung. Keiner redet mir rein, neutral. Wenig Verständnis, warum arbeitest Du so viel? Vom Partner nicht, lebt in anderer Welt, ist Künstler.	10	2	5.98

Mit der Beantwortung der Frage nach dem privaten emotionalen Rückhalt konnte gleichzeitig die private Lebenssituation erfasst werden. Die Führungskräfte und die Mitarbeiterinnen unterscheiden sich hinsichtlich Ihrer privaten Situation nicht, wenn man Leben in einer Ehe oder in einer festen Beziehung nicht unterscheidet. Diese Zusammenfassung erscheint sinnvoll, da die Mitarbeiterinnen im Durchschnitt jünger waren und dementsprechend ihren Partner noch nicht geheiratet hatten.

Tabelle 24: »Sind Sie verheiratet, haben Sie einen Partner oder leben Sie als Single?«

Private Situation	F	M	χ^2
Verheiratet	35	29	
feste Beziehung	9	19	4.78
Summe: verheiratet u. feste Beziehung	44 78.6 %	48 85.7 %	
Single	12 21.4 %	8 14.3 %	

Signifikant mehr Führungskräfte als Mitarbeiterinnen haben keine Kinder. Nur 25 Prozent der Führungskräfte, aber circa 43 Prozent der Mitarbeiterinnen haben Kinder. Nur auf der Mitarbeiterinnen-Ebene Befragte haben sogar drei Kinder.

Tabelle 25: »Haben Sie Kinder bzw. wie viele Kinder haben Sie?«

Kinder	F		M		χ^2
Kein Kind	42	75 %	32	57.1 %	4
1 Kind	6	10.7 %	13	23.2 %	
2 Kinder	8	14.3 %	9	16.1 %	
3 Kinder	0		2	3.6 %	

Signifikant mehr Führungskräfte als Mitarbeiterinnen fühlen sich nicht unterstützt, Privates und Berufliches zu vereinen. Die Antworten korrespondieren mit der Frage »Wie viel Zeit investieren sie für Ihren Beruf?« (siehe Tabelle 27).

Signifikant mehr Mitarbeiterinnen als Führungskräfte schätzen die Möglichkeit der flexiblen Zeiteinteilung und das entsprechende Verständnis Ihrer Vorgesetzten.

Tabelle 26: »Inwieweit unterstützt Sie die Firma dabei, Privates und Berufliches zu vereinen?«

Antworten	F	M	χ^2
Gar nicht.	29	5	24.32
Arbeitszeit-Souveränität. Flexible Zeiteinteilung.	14	42	28.00

Chefs haben Verständnis für Urlaub, Freizeit, Familie.	12	23	4.98
Telearbeitsplatz, Laptop, Handy.	6	10	
Nicht gefordert. Ich frage nicht danach.	5	9	
Teilzeit möglich. Sehr, als ich auf Teilzeit reduzieren musste/wollte.	5	4	

Die Führungskräfte investieren signifikant mehr Zeit für ihren Beruf. Das Engagement schließt Wochenende und Abende mit ein. Für Sport finden circa 16 Prozent der Führungskräfte Zeit ausschließlich am Wochenende. Diszipliniert jeden oder jeden zweiten Tag treiben circa 18 Prozent der Führungskräfte Sport. Signifikant mehr Mitarbeiterinnen als Führungskräfte arbeiten in Teilzeit bzw. kombiniert mit Telearbeitsplätzen (Homeoffice). Sie schaffen es, auch während der Woche feste Termine für Sport einzuhalten. Nur Mitarbeiterinnen (die Kinder haben) äußern, keine Zeit für sich zu haben. Führungskräften gelingt es, sich die Zeit für zum Beispiel Sport als Ausgleich zum Beruf zu nehmen.

Tabelle 27: »Wie viel Zeit investieren Sie in Ihren Beruf?« (Mehrfachnennung möglich)

Antworten	F	M	χ^2
7/7:30 bis 18/20 Uhr	8	0	8.6
8 bis 19/20 Uhr	12	2	4.6
8 bis 20/21Uhr. 8 bis 20 Uhr (21, 22)	7	0	7.46
9 bis 21/22/24/02 Uhr	2	0	
Tageweise unterwegs. 12/14 Stunden, Wochenende im Flieger, viele Reisen. Wochenende Reisen.	6	0	6.34
Abendtermine.	8	1	5.92
Zusätzlich Arbeiten am Wochenende.	12	0	13.44
Wochenende jetzt frei, früher auch am Wochenende gearbeitet.	12	0	13.44
Zuhause Arbeiten als freier Gestaltungsspielraum.	7	0	7.46
Unter der Woche alleine, Partner in anderer Stadt.	5	1	
diverse Arbeitszeitmodelle, 6 von den 16 sind mit Telearbeitsplatz kombiniert.	1	16	15.6

7:30 bis 18/19 Uhr. 7 bis 17/18, Homeoffice. 7:30 bis 16:30. 7:30 bis 17(30). 7:45 bis 16:45. 7/8 bis 17/18, Freitag frei.	0	9	9.78
Für mich wenig Zeit	0	5	5.24
Sport am Wochenende	9	0	9.78
Täglich Sport: 1 Std reiten bzw. GiGong. Reiten täglich plus 3x Fitness. Morgens jeden 2. Tag 30 Min joggen, walken. Jeden Morgen 30 Min joggen, Fitness zuhause, Joga. 2-3x Joggen und 1x Joga.	10	5	
Sport: 1 bis 2 x Woche fester Sporttermin	0	8	8.6
3 feste Termine: Sport: 2x Woche, 1x Freunde bzw. 3x Sport.	7	13	

Signifikant mehr Frauen in Führungspositionen sind unzufrieden mit ihrer Work-Life-Balance. Dementsprechend sind mehr Frauen in auf Mitarbeiterebene damit zufrieden.

Tabelle 28: »Sind Sie mit Ihrer Work-Life-Balance zufrieden?«

Antworten	F	M	χ^2
Zufrieden.	30	45	6
Einigermaßen zufrieden.	10	7	
Unzufrieden.	16	4	8.76

Die Frage nach der Motivation für ihr Handeln ist eine wichtige Frage, wenn man in der Beschreibung der Persönlichkeiten zweier Gruppen Unterschiede herausarbeiten möchte. Deshalb wurden die Führungskräfte gefragt, was sie motiviere, Führungskraft zu sein. Die Mitarbeiterinnen wurden stattdessen gefragt, was sie motiviere, ihre Funktion auszuüben. Da diese beiden Fragen unterschiedlich sind, gibt es bei der Beantwortung keine Gemeinsamkeiten zwischen Führungskräften und Mitarbeiterinnen. Führungskräfte gestalten gerne und arbeiten gerne mit Menschen.

Tabelle 29: »Was motiviert Sie, Führungskraft zu sein?« (Mehrfachnennung möglich)

Antworten	F
Gestalten können, etwas bewirken, etwas bewegen.	27
Arbeit mit Menschen, Mitarbeiterführung macht enorm Spaß.	25

Mitarbeiter entwickeln, motivieren, fordern u. fördern.	20
Verantwortung tragen.	13
Wissen weitergeben (evtl. als Ersatz für eigene Kinder).	10
Macht zu haben gefällt mir.	10
Pionierarbeit leisten, Visionär arbeiten, Neues probieren.	9
Selber Entscheidungen treffen, Entscheidungsfreiheit.	8

Mitarbeiterinnen suchen eine inhaltlich interessante Aufgabe und die Herausforderung in einem guten sozialen Umfeld.

Tabelle 30: »*Was motiviert Sie, Ihre Funktion auszuüben?*« *(Mehrfachnennung möglich)*

Antworten	M
Spaß an Inhalten, interessante Aufgaben. Arbeit an sich. Beruf = Berufung.	48
Soziales Umfeld, viele Kontakte. Spannendes Umfeld.	18
Gutes Team, nette Kollegen, professionelle Kollegen, innovatives Team.	16
Herausforderung. Studium nicht für den Papierkorb. Gegenpart zu Kindererziehung. Mit Erwachsenen zu reden. Ausgleich. Abwechslung.	16
Kreativen Beitrag leisten zu können. Neues Business finden. Mit aufzubauen. Neue Dinge tun. Etwas bewegen. Fortschritte interessieren mich.	14
Anerkennung. Bestätigung. Gefühl, gebraucht u. geschätzt zu werden. Positives Feedback von Kunden. Respekt und Vertrauen.	13
Selbstständigkeit, Eigenverantwortung. Hoher Freiheitsgrad.	10
Weiterentwicklung. Dazulernen. Gehirnjogging. Gehirn benutzen.	8

Um ein Resumée aus Erfahrungen, Sichtweisen und Denkweisen zu erhalten, wurden alle Frauen nach Empfehlungen für Frauen, die Führungspositionen erreichen wollen, gefragt.

Führungskräfte betonten die Bedeutung von »Visibility« (Sichtbarkeit), Entwicklung eines eigenen, durchaus weiblichen Stils und das Sich-Zulegen eines »dicken Fells«. Mut, Humor und verringertes privates Anspruchsdenken nannten ausschließlich Führungskräfte, wogegen die Mitarbeiterinnen empfahlen, keine Kinder zu kriegen und durch lange Präsenszeiten im Büro zu »glänzen».

Tabelle 31: »Was empfehlen Sie Frauen, die Führungspositionen erreichen wollen?«
(Mehrfachnennung möglich)

Antworten	F	M	χ^2
Visibility beim Management. Zeigen, dass man weiter will.	23	13	4.1
Zielstrebigkeit. Wissen, was man will; Frauen sind oft unentschlossen.	18	15	
Eigenen weiblichen Stil entwickeln. Weibliche Sichtweise.	21	6	10.98
Kompetenzen erweitern. Breite Qualifikation erlangen. Leistung.	13	13	
Dickes Fell zulegen. Kritik nicht persönlich nehmen.	10	2	5.98
Engagement, Passion, Herzblut. Tun, was getan werden muss, ohne »gerne».	8	8	
Netzwerke aufbauen und pflegen. Kaffee trinken gehen.	9	7	
Sich nicht verbiegen, authentisch sein. Nicht andere nachmachen.	9	7	
Externes *Mentoring.* Mentoren, Proteges im Unternehmen suchen.	9	5	
Folgende drei Aussagen wurden nur von den Führungskräften genannt:			
Mut, ein Risiko einzugehen. Etwas wagen, sich zutrauen.	6	0	6.34
Humor, Chauvisprüche nicht ernst nehmen.	5	0	5.24
Privates Anspruchsdenken zurückschrauben und persönliche Nachteile in Kauf nehmen.	4	0	4.14
Folgende drei Aussagen wurden von den Mitarbeiterinnen signifikant häufiger genannt:			
Keine Kinder kriegen. Keine lange Kinderpause machen.	1	10	8.16
Präsent sein (abends), lange im Büro sitzen (auch ohne Arbeit), hohes Maß an Zeit investieren.	0	7	7.46
Bestimmtes Auftreten. Sicheres Auftreten. Sehr gute Rhetorik.	0	5	5.24

Frauen in Führungspositionen müssen entsprechend der Funktion in einem Unternehmen signifikant häufiger mit widersprüchlichen Anforderungen umgehen.

Tabelle 32: »Gibt es in sich widersprüchliche Anforderungen an Sie?«

Antworten	F	M	χ^2
Ja.	44	25	13.64
Nein.	11	29	12.60
Selten.	1	2	

Eine zentrale Frage ist, warum es so wenige Frauen in Führungsfunktionen gibt. Der Hauptgrund, der sowohl von Führungskräften als auch von Mitarbeiterinnen genannt wird, ist die Geschlossenheit der Männergesellschaft, die als »Old Boys Network« bezeichnet wird.

Signifikant häufiger sehen Frauen in Führungspositionen, die überwiegend (75 Prozent) keine Mütter sind, das Fehlen der Frauen in Führungspositionen als gesellschaftlich begründet. Signifikant häufiger nennen Mitarbeiterinnen das strukturelle Problem der Kinderbetreuung und somit dann die Entscheidung für andere Prioritäten, nämlich das Versorgen der Kinder. Diese beiden Nennungen decken sich, sie sind nur aus der jeweiligen Position heraus unterschiedlich formuliert.

Nur Führungskräfte nennen als Gründe »mangelnde Bereitschaft, Verantwortung zu übernehmen« und »Unterschätzen des Netzwerkes«. Weiterhin wird gesagt, dass es sehr viele Gründe gäbe und man die Antwort anders herum formulieren müsse. Viele Faktoren müssten stimmen, um in eine Führungsfunktion zu gelangen.

Tabelle 33: »Warum gibt es Ihrer Meinung nach so wenige Frauen in Führungsfunktionen?« (Mehrfachnennung möglich)

Antworten	F	M	χ^2
»Old Boys Network«. Gläserne Decke.	38	28	
Gesellschaftlich begründet: Mütter bleiben zu Hause in Deutschland.	33	15	11.82
Strukturelles Problem der Kinderbetreuung.	12	26	7.8
Frauen setzen andere Prioritäten.	12	24	5.9

Mangelndes Selbstbewusstsein, zu wenig Selbstvertrauen.	18	11	
Frauen stellen Licht unter den Scheffel.	14	11	
Frauen drängen nicht in Führung, kämpfen nicht genug.	10	13	
Wille u. Ehrgeiz fehlt, kein Bock durchzuhalten.	11	9	
Entscheidung für Kind ist ein Karriereknick.	8	12	
1003 Gründe, andersherum formuliert: Viele Faktoren müssen stimmen. Es wird nicht leicht gemacht.	7	13	
Work-Life-Balance. Wegen Zeitaufwand, Führung braucht Zeit.	7	11	
Klassische Klischees. Männliches Berufsideal, Rollenverteilung.	8	14	
Führung i. d. Familie. Anderer Umgang m. Zeit. Dreifachbelastung.	7	11	
Liegt an Unternehmenskultur, in amerikanischen Firmen häufiger.	7	7	
Arbeitende Mütter werden kritisch beäugt. »Rabenmütter«.	5	6	
Frauen in Führung: zu entwickeln zu risikoreich, Schutzgesetze.	7	4	
Für Frauen ist der Inhalt wichtig, nicht Einfluss, Macht, Position.	5	6	
Mangelnde Bereitschaft, Verantwortung zu übernehmen.	7	0	7.46
Frauen unterschätzen Netzwerke, wollen durch Qualität überzeugen.	6	0	6.34

Zur Vertiefung der letzten Frage wurde nach der Problematik gefragt, die einer Frau in einer Führungsposition begegnet, einem Mann aber nicht. Mitarbeiterinnen sehen signifikant häufiger Akzeptanzprobleme der Frauen in Führungspositionen als diese selbst. Am zweithäufigsten wird von beiden Gruppen genannt, es gäbe gar keine spezifische Problematik für Frauen. Führungskräfte nennen »Old Boys Network«, »Berührungsängste der Männer« und »Witzeleien« signifikant häufiger.

*Tabelle 34: »Welche Problematik begegnet Ihnen als Frau (einer Frau) in einer Füh-
rungsposition, die einem Mann nicht begegnet?«*

Antworten	F	M	χ^2
Akzeptanz. Autoritätsproblem. Standing muss ich hart erarbeiten. Sich stärker behaupten. Kompetenz zeigen. Frauen müssen mehr leisten.	18	29	4.44
Keine. Weiß nichts. Schwierige Frage. Sehe da nichts Konkretes.	10	13	
»Old Boys Network«. Frauen sind weniger im Netzwerk.	9	1	7.02
Frau in Führung ist »Exot«. Frau ist ungewohnt als Führungskraft.	8	6	
Vereinbarkeit mit Familie, Teilzeit. Job, Kinder, Haushalt.	6	7	
Frau wird unterschätzt. Es wird Frauen weniger zugetraut.	6	0	6.34
Berührungsängste: Wie geht man mit weibl. Führungskräften um? Frauen bringen Männer in schwierige Situationen, v. a. wenn attraktiv.	5	0	5.24
Witzeleien. »Jetzt dürfen wir ja keine schmutzigen Witze machen.«	5	0	5.24
Sexual harrassment. Mehr Frauen als Männer werden sexuell belästigt.	5	3	
Frauen müssen sich rechtfertigen. Alles wird stärker bewertet.	0	5	5.24
Frau mit Familie bekommt keine höhere Führungsfunktion.	1	4	

Ebenso wurde nach der Problematik gefragt, die einem Mann in einer Führungsposition begegnet, aber einer Frau nicht. Darauf wussten die Befragten am häufigsten keine Antwort. Am zweit häufigsten wurde genannt, dass Männer zwischen Beruf und Kindererziehung nicht wählen können. Signifikant häufiger nennen die Frauen in Führungspositionen die sachliche Orientierung der Männer und die sich daraus ergebenden Schwierigkeiten.

Tabelle 35: »Welche Problematik begegnet einem Mann in einer Führungsposition, die einer Frau nicht begegnet?« (Mehrfachnennung möglich)

Antworten	F	M	χ^2
Fällt mir *nichts* ein. Weiß ich nichts. Kann ich nicht beantworten.	18	27	
Mann hat *Ernährerfunktion, muss machen.* kann sich nicht entziehen.	11	3	
Die meisten Männer sind *sachlich orientiert,* Schwierigkeiten mit emotionalen Themen, ignorieren Konflikte auf persönlicher Ebene.	8	2	3.96
Frau hat Zugang durch *Charme,* andere soziale Kompetenz.	6	2	
Konkurrenz unter Männern sehr viel härter. Brutaler untereinander.	8	4	
Frau hat mehr *Visibilität,* »mich kennen mehr«. Sichtbarkeit.	5	2	
Weiß ich auch nicht, so wie vorherige Frage. *Frau/Mann-Probleme sind mir nie bewusst geworden. Ich* hatte nie das Gefühl, dass ich schlechter behandelt wurde. Der Geeignetere ist weitergekommen.	1	0	

Beide Gruppen haben jemanden im Unternehmen, mit dem sie »echte Dialoge« führen, also ein echter Austausch stattfindet.

Tabelle 36: »Haben Sie jemanden im Unternehmen, mit dem Sie ›echte Dialoge‹ führen?«

Antworten	F	M	χ^2
Ja	52	53	
Nein	4	3	

Signifikant mehr Führungskräfte als Mitarbeiterinnen gehören zu einem institutionalisierten Netzwerk innerhalb oder außerhalb der Firma. Signifikant mehr Führungskräfte sagen, dass Frauen die Bedeutung von Netzwerken unterschätzen. Signifikant mehr Mitarbeiterinnen als Führungskräfte sagen, dass Frauen inzwischen besser darauf achten, Netzwerke zu pflegen.

Tabelle 37: »Was fällt Ihnen ein zum Thema ›Frauen und Netzwerk‹?«
(Mehrfachnennung möglich)

Antworten	F	M	χ^2
Ich habe ein Netzwerk. Ist eins meiner Erfolgsrezepte. Ich pflege es.	35	42	
Frauen unterschätzen es. Luxushobby, für das ich keine Zeit habe. Seilschaften werden negativ wahrgenommen. Chancen noch nicht erkannt. Frauen wollen durch Qualität überzeugen.	21	8	7.88
Bin in einem institutionalisiertes Netzwerk. Innerhalb u. außerhalb der Firma. Stammtische. Mentoring Programme.	17	0	20.04
Frauen nutzen Netzwerke nicht. Sind schlecht darin.	13	9	
Frauen werden besser, Netzwerke zu pflegen, als Mittel erkannt.	12	23	5.04
Netzwerke sind wichtig. Ohne Netzwerk geht es nicht.	12	17	
Männer haben starkes Netzwerk, mehr als wir Frauen.	11	13	
Ich habe kein Netzwerk. Ganz bewusst keins. »Rumgelabber« in Frauen-Netzwerken geht mir schnell auf den Keks.	5	9	
Frauen netzwerken nach Sympathie – ein Fehler.	5	9	

Beim Thema »Frauen und Macht« geben Frauen in Führungspositionen signifikant häufiger als Mitarbeiterinnen an, gerne Macht zu haben, sie im Positiven ausnutzen zu wollen und ein gesundes Verhältnis zu Macht zu haben.

Tabelle 38: »Was fällt Ihnen ein zum Thema ›Frauen und Macht‹?«
(Mehrfachnennung möglich)

Antworten	F	M	χ^2
Ich habe gerne Macht, nimm sie in Anspruch. Bejahe die Macht.	23	2	22.7
Im Positiven ausüben. Nicht ausnutzen. Im Sinne der Sache.	23	16	
Macht ist nicht Ziel. Frauen versuchen nicht, Macht zu bekommen.	17	15	
Führe eher durch Überzeugen. Führe partnerschaftlich.	16	8	

Ich habe aufgeräumtes/gesundes Verhältnis zu Macht. Lernprozess.	13	0	14.7
Frauen haben Problem mit Macht. Unangenehm, zu beanspruchen.	12	3	6.24
Macht an sich ist nicht negativ, bedeutet Möglichkeit, Einfluss, Spaß.	11	8	
Frau nicht so machtbesessen wie Mann.	9	6	
Macht bedeutet *Verantwortung* zu übernehmen. Wirkungskreis.	8	10	
Der *Begriff Macht ist negativ besetzt.* Lieber: Einfluss, Verantwortung, Führung.	7	7	
Ist *männlich besetzt.* Nicht feminin. Unattraktiv.	6	7	
Macht ist *nicht geschlechtsspezifisch.* Typ-, Charakterabhängig.	3	11	5.24

Beim Thema »Frauen und Selbstbewusstsein« sagen signifikant mehr Frauen in Führungspositionen als Mitarbeiterinnen von sich, Selbstbewusstsein zu haben. Jedoch sind es nur 35 der 56 befragten weiblichen Führungskräfte, die dies sagen.

Tabelle 39: »Was fällt Ihnen ein zum Thema ›Frauen und Selbstbewusstsein‹?«
(Mehrfachnennung möglich)

Antworten	F	M	χ^2
Ich habe Selbstbewusstsein. Führung verlangt Selbstbewusstsein. Ich weiß, was ich will, kann, was ich nicht kann, das lerne ich.	35	15	14.46
Viele Frauen haben zu wenig Selbstbewusstsein. Nachholbedarf.	24	21	
Personenspezifisch. Manche haben es, manche nicht. Zwei Extreme.	11	11	
Generationenfrage. Bei den 20 bis 30-Jährigen ausgeprägter.	10	14	
Frauen bescheidener. Erzogen, sich zurückzunehmen, anzupassen.	10	4	
Frauen sind selbst reflektierter und selbstkritischer, ist e. Stärke.	10	3	
Viele Frauen sind *sehr selbstbewusst.*	9	13	

Inzwischen bin ich selbstbewusst, Tagesform abhängig, Show.	5	10	
Hat sich geändert, ändert sich. Das hat sich gebessert.	2	12	
Durch Seminare profitiert, durch Anforderungen gewachsen.	5	0	5.24
Frauen zweifeln öfters, zum Beispiel ist Führungsfunktion nicht zu groß?	0	5	5.24
Ich bin nicht selbstbewusst. Meine Altersgruppe um die 50 Jahre ist ähnlich.	0	4	4.14

»Integrität« ist für Führungskräfte signifikant häufiger wichtig für die eigene Selbstachtung als für Mitarbeiterinnen. Häufiger genannt wird auch »Standing«, womit »Rückgrat zeigen« gemeint ist. Beides hängt mit den Anforderungen an eine Führungskraft zusammen. Mitarbeiterinnen nennen signifikant häufiger die »Anerkennung von außen« sowie die »Erreichung von Zielen« als positiv für Ihr Selbstwertgefühl.

Tabelle 40: »Was ist wichtig in Ihrem Leben für Ihr Selbstwertgefühl bzw. Ihre Selbstachtung?« (Mehrfachnennung möglich)

Antworten	F	M	χ^2
Integrität. Werte, für die ich stehe, lebe.	26	11	9.08
Standing. Dinge, die man durchführt, rechtfertigen zu können.	19	11	
Ehrlichkeit. Fairness. Mitarbeiter nicht belügen.	11	10	
Brauche *Anerkennung* für das, was ich mache. Sehr wichtig, was Außenwelt von mir denkt. Umfeld zufrieden, dann ich auch.	2	8	3.96
Zielerreichung. Ziele erreichen und sich beweisen.	2	8	3.96
Anerkennung im Job. Arbeit zufrieden stellend. Gute Arbeitsergebnisse. Beruf, der ausfüllt und abwechslungsreich ist. Interessanter Job.	0	8	8.6

Frauen in Führungspositionen ist beruflicher Erfolg signifikant wichtiger als Mitarbeiterinnen.

Tabelle 41: »Was ist Ihnen wichtiger: Privater oder beruflicher Erfolg?«

Antworten	F	M	χ^2
Beruflicher Erfolg	32	4	32.10
Privater Erfolg	4	31	30.28
Balance	20	21	

Führungskräfte machen signifikant häufiger als Mitarbeiterinnen bewusst Eigenmarketing. Trotzdem machen einige (*n* = 18) der Führungskräfte zu wenig Eigenmarketing, arbeiten daran (*n* = 9) bzw. Eigenmarketing hat für sie (*n* = 8) keine Priorität.

Tabelle 42: »Was fällt Ihnen ein beim Stichwort ›sich selbst verkaufen‹ bzw. ›Eigenmarketing‹?« (Mehrfachnennung möglich)

Antworten	F	M	χ^2
Viele Frauen machen es zu wenig. Frauen stellen sich schlecht dar.	28	23	
Extrem wichtig. Wichtig, »tue Gutes u. rede darüber«.	25	21	
Ich mache es bewusst, für mich und Bereich. Ich mache es inzwischen. Da bin ich über die Jahre besser geworden.	23	13	4.1
Mache ich zu wenig, da habe ich Defizite. Ich habe durch Qualität und Einsatz überzeugt, mache zu wenig Eigenmarketing. Peinlich.	18	21	
Männer machen es bewusster, stellen sich grandios dar, haben keine Hemmung, trumpfen von klein an auf.	16	5	7.08
Ich arbeite daran. Muss ich verbessern. Schwäche erkannt, habe viel gelernt, lebenslanges Lernen.	9	14	
Hat nicht höchste Priorität. Mein Eigenmarketing ist gute Arbeit. Sehe ich kritisch. Nicht mein Stil, hätte sonst mehr Karriere gemacht.	8	11	
Frauen haben viel dazu gelernt. Es gibt Frauen, die das können. Beim Verhandeln Frauen einsetzen. Frauen werden besser.	8	17	4.18
Ich reagiere auf Selbstdarsteller negativ. Anstrengend, wenn andere übertreiben. Ich hasse Menschen, die sich selbst loben.	1	6	3.82

Frauen in Führungspositionen bezeichnen sich selbst signifikant häufiger als »Stehaufmännchen« im Umgang mit Misserfolg. Sie sehen Misserfolge positiv, die sie anspornen, weiterzumachen.

Tabelle 43: »Was fällt Ihnen ein beim Stichwort ›Frauen und Misserfolg‹? Wie gehen Frauen damit um, wenn sie einen Misserfolg haben?« (Mehrfachnennung möglich)

Antworten	F	M	χ^2
Frauen tun sich schwer damit, nehmen es sich sehr zu Herzen, gehen schlechter mit Misserfolg um, haben Selbstzweifel.	36	42	
Ich bin Stehaufmännchen. Misserfolg neutral sehen, ärgert mich, ist aber was Normales. Eine meiner besten Eigenschaften: motiviere mich selbst u. mache weiter. Mit 2,3 Leuten reden und loswerden.	19	8	5.9
Frauen reflektieren und lernen daraus, integrieren; analysieren, Selbstanalyse, SWOT- Analyse, Ergebnis.	18	12	
Misserfolg beziehen Frauen auf sich, schreiben ihn sich persönlich zu, den eigenen Taten u. Fähigkeiten, aber er hängt von so vielen anderen Dingen ab (genauso wie Erfolg).	15	12	
Männer verarbeiten schneller und besser. Männer verarbeiten leichter, schütteln sich, beim nächsten Mal wird es besser.	9	8	
Personenabhängig, kein geschlechtsspezifisches Thema.	8	6	
Frauen gehen besser damit um. Frauen kommen schneller auf die Beine als Männer, Frauen schlafen weniger schlecht als Männer.	6	5	

Beim Thema »Frauen und Selbstkritik« stellt sich heraus, dass Frauen in Führungspositionen kein geringes Maß an Selbstkritik haben, im Gegenteil. Sie hinterfragen sich selbst signifikant häufiger als Mitarbeiterinnen. Jedoch schätzen Mitarbeiterinnen Selbstkritik signifikant häufiger als positiv ein.

Tabelle 44: »Was fällt Ihnen ein zum Thema ›Frauen und Selbstkritik‹?«
(Mehrfachnennung möglich)

Antworten	F	M	χ^2
Frauen sind selbstkritischer als Männer. Zu viel Selbstkritik wird als Schwäche angesehen. Männer sind schneller beim nächsten TOP. Frauen machen es den anderen einfach, ihnen die Schuld zu zuschieben.	22	25	
Frauen ziemlich/sehr selbstkritisch. Frauen sehen sich kritischer als andere es tun.	21	13	
Finde ich positiv. Ich schätze es, gesundes Maß bringt einen voran. Selbstkritisch muss man bleiben. Frauen reflektieren mehr über sich.	11	27	10.2
Manchmal zu selbstkritisch, bis hin zu Selbstzweifel, nagen an sich, zerfleischen sich. Kann als Bremse wirken. Müsste konstruktiv sein.	9	17	
Interne Attribuierung. Suche Fehler bei mir, nicht bei anderen. Frauen berücksichtigen Faktoren nicht, für die man nichts kann.	9	4	
Hinterfrage mich, zum Beispiel was habe ich in einer Sitzung falsch gemacht. Lasse Revue passieren.	9	1	7.02
Frauen sind eher *bereit, Defizite zuzugeben,* Fehler einzugestehen. Unterschiedlicher Sprachstil. Frauen zeigen es deutlicher, sonst kein Unterschied.	6	9	

Bezüglich des Themas »Frauen und Kleidung« stellt sich heraus, dass signifikant mehr Führungskräfte als Mitarbeiterinnen sich »businesslike« kleiden. Im Gegensatz zu den Männern genießen sie die Freiheit, einen eigenen Stil pflegen zu können. Signifikant mehr Frauen in Nicht-Führungspositionen ist die Kleidung unwichtig.

Tabelle 45: »Was finden Sie wichtig beim Thema ›Frauen und Kleidung‹?«
(Mehrfachnennung möglich)

Antworten	F	M	χ^2
Businesslike: Kostüm, Hosenanzug. Seriös, aber nicht nur blau, auch mit Farbe. Weiblich. Seriöse Professionalität u. feminine Weiblichkeit.	17	8	4.18

	F	M	χ^2
Wichtig. Passe sehr drauf auf. Lege viel Wert darauf, gebe Geld aus. Gute Klamotten sind gut für das Selbstbewusstsein. Kleidung setzt sehr viele Signale.	14	11	
Angepasst, angemessen an Situation. In kritischen Situationen nicht zu extravagant. Bei Kundentermin – Kostüm, sonst lockerer.	12	6	
Anständig. Nicht zu freizügig. Nicht aufreizend. Nicht sexy. Nicht zu kurze Röcke. Nicht zu tiefe Ausschnitte. Nicht bauchfrei.	10	16	
Frauen sind da freier. Genieße keine Krawatte tragen zu müssen, einer der wenigen Vorteile. Angenehm, dass mehr Freiheit als Mann.	10	1	8.16
Schick, modern. Geschmackvoll. Modisch, weiblich. Sachlich, schlicht, klassisch, trotzdem weiblich. Keine Krawatte. Nicht zu langweilig, sportlich, schlicht, elegant.	5	13	4.24
Ist mir nicht so wichtig. Leger. Liegt mir nicht, ist aber wichtig für Führungsposition.	0	7	7.46

Beim Thema »Frauen und Aussehen« ist das Fazit aus den Antworten, dass man aus allen Voraussetzungen etwas machen kann. Alles hat seine Vorteile, Hauptsache man ist »gepflegt«.

Tabelle 46: »Was fällt Ihnen ein zum Thema ›Frauen und Aussehen‹?«

Antworten	F	M	χ^2
Attraktive Frauen haben es leichter. Von Vorteil, wenn Frau gut aussieht. Bei Frau zählt Attraktivität mehr als beim Mann. Schnellere Akzeptanz, dann sich Beweisen nötig.	21	25	
Gepflegt ist wichtig, Frau wird anders angesehen als ein Mann. Männern müssen auch gepflegt sein. Gepflegt und altersgerecht. Adrett, gepflegt. Mittelmaß, nicht aufdonnern.	18	9	3.96
Gesundes Mittelmaß. Hübsch ist gut, aber auch nicht zu hübsch. Nicht zu gut. Nicht nur gut aussehende Frauen kommen weiter - Ausstrahlung, Selbstbewusstsein, Persönlichkeit. Gutes Aussehen kein Hindernis, aber kein »Muss». Nicht zu gut und nicht zu hässlich, mittel.	15	12	

Sehr gutes Aussehen kann hinderlich sein. Blond und hübsch wird als dumm angesehen, wer als »Barbie« herumläuft, wird darauf reduziert.	10	6
Aussehen wird kommentiert und gewertet. Beim Mann auch, aber weniger. Wird kritischer betrachtet. Angela Merkels Frisur ist ein Thema. Kohl war auch nicht schön.	9	11

Gefragt nach der Existenz einer Vision im Unternehmen gaben circa 95 Prozent der Befragten an, eine Vision oder etwas Vergleichbares in ihrem Unternehmen zu haben.

Tabelle 47: »Gibt es in Ihrem Unternehmen eine Vision?«

Antworten	F		M	χ^2
Ja.	43	76.8 %	43	
Ja, Langfristziele, nicht Vision.	2		3	
Ja, Konzernstrategie, nicht Vision.	5		3	
Ja, Unternehmensleitbild o. Guiding Principles	3		3	
Summe:	53	94.6 %		
Nein.	3	5.4 %	3	
Kann sein, aber ich kenne sie nicht.	0		1	

Gefragt, ob es wichtig sei, dass es die Vision gäbe, antworteten mehr als 80 Prozent der Befragten mit »ja«.

Tabelle 48: »Ist es wichtig, dass es die Vision gibt?«

Antworten	F		M		χ^2
Ja. (Vermisse ich! Fände ich wichtig.)	47	83.9 %	45	80.4 %	
Nein.	9	16.1 %	11	19.6 %	

Signifikant mehr Führungskräfte als Mitarbeiterinnen antizipieren entsprechend ihrer Funktion im Unternehmen zukünftige Entwicklungen.

Tabelle 49: »*Antizipieren Sie zukünftige Entwicklungen?*«

Antworten	F	M	χ^2
Ja.	52	28	25
Nein.	0	20	24.34
?	4	8	

Frauen in Führungspositionen holen sich häufiger Know-how von außen. Sie nehmen Megatrends wahr und überlegen sich zukünftige Entwicklungen selbst, aber nicht signifikant häufiger als die Mitarbeiterinnen.

Tabelle 50: »*Wie antizipieren Sie zukünftige Entwicklungen?*«
(Mehrfachnennung möglich)

Antworten	F	M	χ^2
Know-how von außen. Berater. Gespräche mit Kollegen in gleichen Bereichen, Netzwerk mit anderen Einkaufsleitern.	14	4	5.78
Megatrends wahrnehmen u. selber überlegen. Vortrag von Zukunftsforschern. Trends. Gesellschaftliche Entwicklung.	12	5	
Gespräche. Teamgespräche, Brainstorming, Workshops. Szenarien entwickeln.	11	10	
Marktentwicklung beobachten. Denke viel nach. Permanente Marktanalyse, Markttrends, Opportunities. Nahe am Kunden sein. Daten, Umfragen. Durch Kundenanfragen. Wettbewerb beobachten.	11	9	
Besuch von Messen. Symposien. Vorträge. Veranstaltungen. Kongresse. Arbeitskreise der dt. Industrie. Weiterbildung.	9	5	
Ohren offen halten, Auswirkungen? Über den Tellerrand gucken – welche Projekte tun sich auf? Nehme Veränderungen offen entgegen.	8	5	
Fachliteratur. Fachzeitschriften lesen. Internetrecherchen. Medien. Pressespiegel.	7	13	

Die Entstehung von Innovationen unterstützen Führungskräfte entsprechend ihrer Führungsrolle, indem sie ihre Teams aktivieren, konkrete Themen stellen und ihren Mitarbeitern Freiraum lassen. Für Mitarbeiterinnen ist es signifikant schwieriger, einen eigenen Beitrag zur Innovation zu leisten.

Tabelle 51: »Wie unterstützen Sie die Entstehung von Innovationen?«
(Mehrfachnennung möglich)

Antworten	F	M	χ^2
Ich tue nichts dafür. Schwierig. Mache ich nicht wirklich gut, bin mehr gefangen im operativen Geschäft.	7	21	9.34
Bin offen für neue Ideen. Habe keine Angst vor Veränderung. Positiv, muss zielgerichtet sein. Freue mich über innovative u. kreative Ideen.	9	16	
Mit meinen eigenen Ideen. Probieren was aus. Mache ich auch selber. Vorreiter sein als Ziel. Treibe voran. Teste Produktideen.	13	6	
Mit Team sprechen, mehr Ideen. Mitarbeiter beteiligen, mitwirken lassen, sich einbringen lassen. Szenariendenken.	10	2	5.98
Workshops zu Problemen. Regelmäßig Ideenfindungsworkshops. Vorstudie, Projekt. Am besten mit externem Moderator.	6	1	
Mitarbeitern Freiheit lassen, Ich muntere auf, Ideen zu entwickeln, bin offen. Ich stelle Fragen, schlage nichts vor.	6	0	6.34
Konkrete Themenstellung, von Mitarbeitern Konzept entwickeln lassen, mit Vorstand abklären, Personal u. Budget besorgen.	4	0	4.14
Arbeite viel dran mit. Neuerungen, von denen ich überzeugt bin, unterstütze ich voll. Wir arbeiten alle in Gruppen an neuen Konzepten.	0	4	4.14
Mein Aufgabenbereich sind neue Systeme. Mein Job sind Zukunftstechnologien, Produktentwicklung, Innovationsmanagement.	6	5	
Anregungen von außen. Chancen zulassen, dass man über Tellerrand guckt. Andere Firmen, andere Branchen - was machen die?	5	2	
Prozessoptimierung. Verbesserungsvorschläge. Innovationsprozess innerhalb der Abteilung. Ideen evaluieren und ausprobieren.	0	7	7.46

Auf die Frage:»Was möchten Sie sonst noch sagen im Zusammenhang mit dem Thema ›Frauen und Führung‹?« äußerten beide Gruppen den Wunsch nach mehr Frauen in Führungspositionen.

Tabelle 52:»Was möchten Sie noch sagen im Zusammenhang mit dem Thema ›Frauen und Führung‹?« (Mehrfachnennung möglich)

Antworten	F	M	χ^2
Traut Euch!	16	8	
Wäre schön, wenn mehr Frauen in Führung wären.	8	16	
Alles gesagt. Sie waren vollständig in Ihren Fragen.	15	13	
Es liegt auch an den Frauen. 30 % liegt an den Frauen, 70 % an den Rahmenbedingungen. Frau muss man immer wieder dran erinnern.	8	9	
Wünsche mir, dass Frauen in Führungspositionen Frau bleiben.	6	5	
Gemischte Teams am schönsten. Firmen vergeben auch Chance: Austausch zw. jung u. alt, Männern u. Frauen.	3	7	
Frauen mit Kindern werden ausgegrenzt. Rabenmutter! Kinderbetreuung! Flexiblere Arbeitszeit-Gestaltung nötig.	3	6	
Frau, Führung u. Kind: auf dem Rücken der Frauen. Führung u. Kind geht nur, wenn man sich auf die Hinterbeine stellt und Durchhaltevermögen besitzt. Stellt sich die Frage: Warum soll ich?	3	3	
Gesellschaftliche Einstellung in Deutschland ganz hinten. Von Frankreich, Beneluxländer, Holland abgucken. Deutsches Problem: wir sehen das zu eng: man kann führen ohne immer da zu sein. Sichtweise, wie gearbeitet wird, müsste sich ändern.	3	2	
Auch Führung in Teilzeit möglich! Funktionen anders zuschneiden. Denkblockade. Frauen u. Männer sind Bedenkenträger. Führung ist teilbar, Frage der Organisation, des Mutes. Präsenzkultur in den Firmen ist hinderlich und unnötig. Mit Telearbeit/Homeoffice ist es möglich.	3	1	
Männerwelt ist nicht gegen einen, habe ich nie erlebt.	3	1	
In den letzten Jahren geht die Entwicklung zurück.	4	1	

Zusammenfassung der Ergebnisse der Studie

1. Frauen in Deutschland leben noch immer die ihnen in der Gesellschaft zugewiesene Rolle der Mutter und Hausfrau. Manche Frauen sind dabei berufstätig. Die wenigsten denken an eine (steile) Karriere.

2. Frauen mangelt es im Wesentlichen nicht an Führungskompetenz, sondern an Aufstiegskompetenz.

3. Frauen in Führungspositionen hingegen zeigen Eigeninitiative und fordern ihr berufliches Fortkommen ein. Sie warten nicht wie Aschenputtel, entdeckt und in ein besseres Leben entführt zu werden. Viele hatten einen Förderer.

4. Frauen in Führungspositionen haben (also) Mut und sind zielstrebig. Sie engagieren sich über das normale Maß hinaus und sind sehr kompetent.

5. Weibliche Führungskräfte legen den Schwerpunkt ihres Lebens auf den beruflichen Bereich. Sie tun das, ebenso wie ihre männlichen Kollegen, auf Kosten der Work-Life-Balance.

6. Der überwiegende Teil der weiblichen Führungskräfte (75 Prozent in dieser Untersuchung) haben keine Kinder. Die weiblichen Führungskräfte mit Kindern haben nach den Geburten in der Regel nur kurz pausiert (4 bis 6 Monate).

7. Weibliche Führungskräfte beherrschen die Spielregeln im Business (wie beispielsweise Eigenmarketing betreiben, Netzwerke pflegen, Konkurrenz aushalten) besser als fachlich genauso hoch qualifizierte Frauen auf Mitarbeiterebene. Fraglich bleibt, ob sie die Spielregeln genauso gut beherrschen wie die Männer.

8. Frauen in Führungspositionen haben Humor und ein dickes Fell, wenn es um »flapsige (teilweise frauenfeindliche) Äußerungen« seitens der Männer geht.

9. Frauen in Führungspositionen achten auf ihre »Visibility« (Sichtbarkeit im Unternehmen) und genießen dabei mitunter den Vorteil, die einzige Frau zu sein. Ihr Outfit ist immer businesslike (im Unterschied zu den Mitarbeiterinnen) und sie betreiben zum Teil Eigenmarketing.

10. Das Ausfüllen eines Persönlichkeitsfragebogens ergab bei elf Persönlichkeitseigenschaften große Unterschiede zwischen weiblichen Führungskräften und Mitarbeiterinnen. Weibliche Führungskräfte sind vor allem führungsmotivierter, flexibler, teamorientierter und selbstbewusster als Mitarbeiterinnen.

11. Ebenso zeigen sie ein höheres Maß an Gestaltungsmotivation, Durchsetzungsfähigkeit, Leistungsmotivation, emotionaler Stabilität, Sensitivität und Kontaktfähigkeit. Managerinnen sind auch ein (bisschen) belastbarer als Mitarbeiterinnen.

12. Die Ergebnisse des Fragebogens zeigen jedoch keine Unterschiede bei den drei Eigenschaften Soziabilität, Handlungsorientierung und Gewissenhaftigkeit. Managerinnen verhalten sich genauso freundlich, rücksichtsvoll und sozial sowie mit dem Wunsch nach einem harmonischen Miteinander wie Mitarbeiterinnen. Sie sind nicht handlungsorientierter und nur ein bisschen weniger gewissenhaft als Mitarbeiterinnen.

13. Es gibt gewisse Unterschiede zwischen der Dienstleistungs- und der Produktionsbranche. In der Dienstleistungsbranche ist die Teamorientierung noch wichtiger und dem Aufstieg noch zuträglicher und in der Produktionsbranche sind die Persönlichkeitseigenschaften Selbstbewusstsein und Durchsetzungsfähigkeit auch schon auf Mitarbeiterebene stärker ausgeprägt.

Teil 3
Erkenntnisse und Schlussfolgerungen

Erkenntnisse und Schlussfolgerungen

>»Und die Krux ist, nichts zu riskieren be-
>deutet sogar, noch mehr zu riskieren.«
>*Erica Jong*

Was bedeuten nun die Ergebnisse, die sich bei der Befragung der Frauen und bei der Auswertung der Persönlichkeitsfragebogen ergaben?

Bei den Ergebnissen gilt es zu berücksichtigen, dass die Aussagekraft meiner Untersuchung sich auf den erwerbswirtschaftlichen Bereich, nämlich auf die Dienstleistungs- und Produktionsbranche, beschränkt. Die Untersuchung kann keine Aussagen machen zu weiblichen Führungskräften und Mitarbeiterinnen im gemeinnützigen Bereich oder im staatlichen Umfeld. Gerade im staatlichen Bereich, in dem für Beamte Arbeitsplatzsicherheit besteht, gibt es sicherlich andere Rahmenbedingungen. Auch im gemeinnützigen Arbeitsbereich, in dem es nicht um die Erzielung von Gewinn geht, muss man von einem anderen Kontext ausgehen.

Wichtig ist auch, dass gezielt nur Führungskräfte befragt wurden, die ihre berufliche Entwicklung innerhalb von Unternehmen vollzogen hatten. Es wurden keine Unternehmensgründerinnen oder Erbinnen von Unternehmen befragt, da diese von Anbeginn Führungspersonen sind. Diesen Frauen begegnen viele Problematiken, besonders die auf dem Weg nach oben, nicht. Meine eigenen beruflichen Kontakte zeigen, dass vor allem Firmenerbinnen eine andere Sichtweise haben als die befragten Frauen. Sie sehen zum Beispiel Akzeptanz- oder Autoritätsprobleme nicht als spezielles Thema von Frauen und sind der Meinung, dass in circa zehn Jahren »Frauen und Führung« sowieso kein Thema mehr sein werde. Aber auch diese Firmenerbinnen bzw. Firmengründerinnen prägen das Miteinander im Wirtschaftsleben und verändern durch ihr selbstbewusstes Auftreten die Erwartungen auch an andere Frauen.

Meine Studie hat bestätigt, dass für Frauen die Rahmenbedingungen in Deutschland auf jeden Fall nicht ideal sind, um Karriere zu machen. Ein Grund sind natürlich die mangelnden Möglichkeiten der Kinderbetreuung. Der entscheidende Grund liegt jedoch in den Köpfen, sowohl denen der Frauen als auch denen der Männer. Vieles wäre hier machbar, ist aber zum

Teil nicht vorstellbar. Aber kann es denn wirklich sein, dass eine Gesellschaft es sich leistet - bei einer vergleichbaren Fähigkeits- und Kompetenzverteilung - eine Teilpopulation, nämlich die der Männer, »überauszuschöpfen«? Und kann es sein, dass im Gegenzug die andere Teilpopulation, die der Frauen, nur »minimal ausgeschöpft« wird? Dies ist heute immer noch der Fall. Gründe dafür, dass nur wenige der geeigneten Frauen es schaffen, Führungspositionen zu erreichen, liegen an den verschiedenen Lebensentwürfen, an den Spielregeln für Karriere und an dem Miteinander in den Unternehmen.

Lebensplanung und Lebensentwürfe

»Nur tote Fische schwimmen immer mit dem Strom.«
Rita Süssmuth

Die Krux beginnt bei der Lebensplanung, bei der Berufswahl und bei der Familienplanung. Mädchen denken bei der Berufswahl sofort an deren Vereinbarkeit mit Familie und Kindern. Jungen denken darüber nach, was ihnen Spaß machen könnte, was sie besonders gut können und vielleicht auch, womit sie viel Geld verdienen könnten. Dr. Sandra Spreemann (2000) spricht von dem selbst begrenzenden Verhalten der Frauen. Viele Frauen sammeln nach dem Studium zunächst ein paar Jahre Berufserfahrung. Wenn dann der Zeitpunkt ansteht, erste Führungsfunktionen zu übernehmen, bekommen Frauen oft stattdessen Kinder. Sie nehmen sich also genau dann eine Auszeit zum Kinderkriegen, wenn sie Karriere machen könnten. So meint auch Maud Pagel, zum Zeitpunkt des Interviews Vice President und Diversity Leiterin im Konzern Deutsche Telekom, dass es für Frauen wichtig sei, ihren Lebensweg vorweg zu überlegen, zu planen und dann auch umzusetzen. Frauen sollten ihrer Meinung nach nicht drei Jahre nach einer Geburt zu Hause bleiben.

Eveline Schönleber, Geschäftsführerin bei MAC Mode GmbH & Co. KGaA, meint, dass Frauen, wenn sie etwas erreichen wollen, wegen der gesellschaftlichen Strukturen viel früher als Männer Karriere machen müssten. Sie müssten schon im Alter von 35 Jahren auf dem Chefsessel sitzen und könnten danach eine Familie gründen. Sie selbst machte sehr schnell Karriere, und sie ist Mutter von drei Kindern.

Die in dieser Studie befragten Frauen mit Kindern in Führungspositionen nahmen in der Regel nach den Geburten nur kurze Auszeiten (4 bis 6 Monate). Nur so kann eine Frau im sozialen Gefüge der Firma bleiben und bei den Überlegungen und Nachfolgeplanungen ihrer jeweiligen Vorgesetzten berücksichtigt werden. Offensichtlich ist es ganz entscheidend, den Anschluss nicht zu verlieren, gleichzeitig seine Kompetenzen zu bewahren und Selbstvertrauen zu behalten.

Strukturelle Barrieren

Für Frauen bestehen vielerlei strukturelle Barrieren. Dies belegen Antworten auf die Frage, warum so wenige Frauen in Führungspositionen seien und auf die Frage nach der speziellen Problematik von Frauen in Führungspositionen (siehe Tabellen 33, 34). So wurde angeführt, dass Mütter in Deutschland zu Hause blieben, weil es gesellschaftlich bedingt sei, aber auch wegen fehlender Kinderbetreuung. Ebenso sei es gesellschaftlich bedingt, dass viele Frauen auf die Vereinbarkeit ihrer beruflichen Tätigkeit mit ihrer Familie achten würden. Die im ersten Teil des Buches beschriebene humankapitaltheoretische Argumentation kommt hier also zum Tragen.

Auch die patriarchale Argumentation findet Bestätigung in dieser Untersuchung. Die Lebenssituation der Befragten entsprach meist nicht den alten familiären Strukturen, bestehend aus Vater – Mutter – Kinder (siehe Tabelle 25). So hatten 75 Prozent der weiblichen Führungskräfte und 57 Prozent der Mitarbeiterinnen keine Kinder. Die hoch qualifizierten Frauen widmeten sich voll ihrem Beruf, und nur einem kleinen Teil oblag die Kinderbetreuung bzw. deren Organisation. Obwohl also bereits bei beiden Gruppen der Anteil der Kinderlosen hoch ist, ist der Unterschied zwischen beiden Gruppen dennoch signifikant. Genau genommen ist dieser Unterschied eher noch größer, denn die Mitarbeiterinnen sind im Durchschnitt jünger und wünschen sich zum Teil auch für später noch Kinder. Bei den weiblichen Führungskräften dieser Stichprobe besteht dieser Wunsch fast ausnahmslos nicht mehr.

Gabriele Hantschel, Service Managerin bei der SoftwareGroup der IBM Deutschland GmbH, gefragt nach einer Gewichtung, schätzt, es liege zu 70 Prozent an den schlechten Rahmenbedingungen, insbesondere in den Unternehmen, dass so wenige Frauen eine Führungsposition haben, und nur zu 30 Prozent an den Frauen selbst.

Das zentrale Thema von Frauen ist nach wie vor, die verschiedenen Lebensbereiche zu gewichten, zu vereinbaren und zu integrieren. Gabriele Hantschel betont auch, dass der Begriff Work-Life-Integration viel zutreffender und deshalb aktueller ist als der Begriff Work-Life-Balance. Mitarbeiterinnen unterscheiden sich in dieser Beziehung sehr stark von weiblichen Führungskräften.

Lebensschwerpunkt: privater Erfolg – beruflicher Erfolg

Die befragten Frauen unterscheiden sich voneinander hinsichtlich ihres Lebensschwerpunktes. Weibliche Führungskräfte legen ganz klar den Schwerpunkt auf ihren beruflichen Erfolg. Um Karriere zu machen, müssen Frauen ihre privaten Ansprüche zurückschrauben und sich mehr auf den Beruf konzentrieren. Dazu gehört jedoch ein »breiter Rücken«, denn die Anfeindungen aus der Gesellschaft nach dem Motto »Das ist eine Karrierezicke!« sind immens. Bei einem Mann wird das gleiche Verhalten nicht kritisiert, sondern vielmehr als »erfolgreich« eingestuft. Die Unterstützung seiner Partnerin ist ihm obendrein gewiss.

Frauen auf Mitarbeiterebene legen ihren Lebensschwerpunkt auf den privaten Bereich. Sie unterscheiden sich von Frauen in Führungspositionen dadurch, dass sie Selbstachtung auch aus anderen, nicht beruflichen Lebensbereichen gewinnen bzw. privaten Erfolg höher schätzen als den beruflichen Erfolg (siehe Tabelle 41). In den Interviews geben signifikant mehr Führungskräfte an, dass ihnen beruflicher Erfolg wichtiger als privater sei, und genauso viele Mitarbeiterinnen geben das Umgekehrte an. Dies ist ein wesentlicher Unterschied zwischen beiden Gruppen.

Dieser Unterschied impliziert, dass das traditionelle Frauenstereotyp, das dem der »Hausfrau und Mutter« ähnelt, erweitert werden muss. Es kann nicht einfach eine Subkategorie »Karrierefrau« gebildet werden, wie Michaela Wänke u. a. (2003, siehe oben: Stereotype) festgestellt haben. Schließlich sind alle befragten Frauen berufstätig und haben eine hohe Qualifikation. Dann wäre auch die Diskrepanz zwischen diesem Stereotyp und den Ergebnissen von Janet Hyde (2005), nach denen Männer und Frauen in der Gesamtbevölkerung bezüglich der meisten psychologischen Variablen nicht unterschiedlich sind, nicht mehr so groß (siehe oben: Gleiche Potenziale).

Die unterschiedliche Wertung von beruflichem und privatem Erfolg ist sicherlich eine weitere Erklärung für das in Teil 1 des Buches beschriebene »Paradox der zufriedenen Mitarbeiterin«. Frauen auf Mitarbeiterebene haben weitere Lebensbereiche, die ihnen wichtig sind, und sie bewerten deshalb die geringere Bezahlung und das geringere Ansehen im Job weniger negativ.

Anders ist dies bei Frauen in Führungspositionen. Den Zusammenhang zwischen Einkommen, erreichter Führungsebene und Aufstiegsorientierung betont auch Sonja Bischoff (2005). Neben dem Verhältnis zur vorgesetzten Führungsebene ist die als zu niedrig – weil nicht leistungsgerecht – empfundene Einstufung des Gehalts die häufigste Ursache für Unzufriedenheit. Bei den Männern ist das häufiger der Fall als bei Frauen, obwohl diese viel mehr Grund dafür hätten.

Ein Ergebnis der Untersuchungen in den Jahren 1986, 1991, 1998 und 2003 von Sonja Bischoff (2005) ist, dass der Anteil der Frauen, der weiter nach oben will, umso geringer ist, je höher diese Frauen in der Hierarchie aufgestiegen sind. Das ist bei den Männern gerade umgekehrt. Sonja Bischoff fand jedoch in ihrer letzten Studie heraus, dass jetzt auch Frauen – genauso wie Männer – in den oberen Gehaltsklassen häufiger als in den unteren weiteren Aufstieg anstreben. Sonja Bischoff (2005) folgert, dass Frauen allmählich doch dem Reiz des Geldes folgen.

Weiterhin gab mehr als ein Drittel aller Befragten (36 Prozent der weiblichen Führungskräfte, 38 Prozent der Mitarbeiterinnen) an, dass eine Balance zwischen privatem und beruflichem Erfolg wichtig sei. Dies leitet über zu dem folgenden Abschnitt »Work-Life-Integration«, da der berufliche Zeitaufwand mit der beruflichen Karriere eng zusammenhängt.

Work-Life-Integration

Vielfach wird noch nicht von Work-Life-Integration gesprochen, sondern von »Work-Life-Balance«. Auch ich hatte in meiner Untersuchung die Frage gestellt »Sind Sie zufrieden mit Ihrer Work-Life-Balance?«: Inzwischen halte ich diesen Begriff für irreführend, weil er eine Balance der verschiedenen Lebensbereiche suggeriert. Es kann aber nur um eine Integration der verschiedenen Aufgabenbereiche gehen und weniger um eine Balance. Deshalb halte ich den Begriff »Work-Life-Integration« für angemessener.

Maßnahmen zu Work-Life-Integration finden auf der so genannten mittleren Managementebene relativ wenig Beachtung. Diese Ebene muss aber durchlaufen werden, bevor man in das Top-Management gelangen kann. Da werden das Arbeits- und das Privatleben unter Umständen durch Geschäftstermine auf dem Golfplatz oder beim Business-Lunch wieder entspannter/lebenswerter.

Frauen auf Mitarbeiterebene hingegen achten mehr auf ihre Work-Life-Balance als Frauen in Führungspositionen (siehe Tabelle 28). So gaben signifikant mehr Mitarbeiterinnen an, dass sie mit ihrer Work-Life-Balance zufrieden seien, dagegen gaben deutlich mehr Führungskräfte ihrer Unzufriedenheit Ausdruck.

Dabei ist es interessant, die Antworten in Bezug auf das zeitliche Engagement für den Beruf (siehe Tabelle 27) anzusehen, denn hier sind ebenfalls viele bedeutsame Unterschiede zwischen beiden Gruppen sichtbar. Die weiblichen Führungskräfte engagieren sich zeitlich in sehr großem Umfang und innerhalb eines sehr großen Zeitfensters. Dieses Zeitfenster (von morgens 7 Uhr bis nachts 2 Uhr) können Frauen mit (kleinen) Kindern schlecht bzw. gar nicht ausfüllen.

Nach Sonja Bischoff (2005) meinen 87 Prozent der Männer und 60 Prozent der Frauen, dass die Aufgaben in ihrer Position nicht durch eine Teilzeit-Führungskraft bewältigt werden könnten. Damit aber schließen – andersherum gesehen – 13 Prozent der Männer und 40 Prozent der Frauen in Führungspositionen nicht aus, dass die Ausführung ihrer Arbeit in Teilzeit möglich wäre. Auch in meiner eigenen Untersuchung, äußerten einige Frauen bei der Frage »Was möchten Sie noch sagen im Zusammenhang mit dem Thema ›Frauen und Führung‹?« (siehe Tabelle 52), dass Führung in Teilzeit möglich sei, obwohl danach nicht explizit gefragt war. Aber genauso wie das Bild »Think Manager – Think Male« in vielen Köpfen verankert ist, ist der Zusammenhang »managing – only full time« stark verankert.

Inzwischen werden jedoch immer mehr Stimmen laut, dass Führung auch in Teilzeit – bei entsprechender Arbeitsorganisation und Erreichbarkeit – möglich ist. Zumindest ist der Widerspruch dagegen bei weitem nicht mehr so stark wie noch vor fünf Jahren. Es gibt ja auch bereits erfolgreiche Beispiele dafür. Gerne weise ich in diesem Zusammenhang daraufhin, dass Führungskräfte in der Regel nicht präsent bzw. nicht zu sprechen sind, weil sie in sehr vielen Besprechungen sitzen. Es kann also durchaus von Vorteil sein, seine nicht im Büro anwesende Führungskraft jederzeit im Homeoffice erreichen zu können.

Die in meiner Studie interviewte Frau Prof. Uta-Micaela Dürig, Direktorin Konzern-Kommunikation der Bosch Gruppe, betont trotz ihres beruflichen Engagements die Wichtigkeit, Zeit zu haben für Freunde, Familie und für soziales Leben. Sie gehört außerdem zu den Menschen, die Teilzeitarbeit und Führung für vereinbar halten.

Die Ergebnisse meiner Studie ergänzen die Ergebnisse der Studien von Sonja Bischoff (2005). Sie konstatiert ebenso, dass der »Talentpool« der Frauen nicht ausgeschöpft sei. Frauen wollen häufiger als Männer in Teilzeit arbeiten, und Frauen begrenzen häufiger als Männer ihren beruflichen Aufstieg. Häufiger als Männer setzen sie ihre Prioritäten zugunsten der Familie. Aber auch Männer, die einen weiteren Aufstieg ablehnen, haben häufiger Kinder als aufstiegsorientierte Männer. Sie schlussfolgert auch, dass zur Ausgewogenheit eine Verkürzung der Arbeitszeit nicht unbedingt notwendig ist, wohl aber eine Flexibilisierung von Arbeitszeit und Arbeitsort. Das Modell dafür sind Frauen im Unternehmerinnenstatus.

Mythos Mutter

Der überwiegende Teil (75 Prozent) der befragten weiblichen Führungskräfte hat keine Kinder. Ein Viertel der Managerinnen jedoch hat Kinder. So hatte auch Karen Gajewski, Geschäftführerin bei Tee Gschwendner GmbH, eine zum Zeitpunkt des Interviews fünfjährige Tochter. Mit Unterstützung ihrer Eltern und der eines Au-Pair-Mädchens, das bei der Nachbarin wohnt, erzieht sie (so genannt allein-erziehend) ihre Tochter. Sie hat bis zwei Tage vor der Geburt des Kindes gearbeitet und engagierte vier Monate danach für zwei Tage pro Woche, an denen sie arbeiten ging, eine Tagesmutter. Heute arbeitet sie vier Tage/Woche in Vollzeit, das entspricht einer 80 Prozent-Stelle. Aufgrund ihrer langen Betriebszugehörigkeit und ihres nur kurzen Fernbleibens hat sie beruflich durch die Geburt ihres Kindes keine Nachteile erfahren. Sie bezeichnet die Zusammenarbeit zwischen dem Unternehmen und sich selbst als Geben und Nehmen. Mit ihrer Work-Life-Integration ist Karen Gajewski einigermaßen zufrieden.

Wenn eine berufstätige Frau Mutter wird, stellt sie sich die Frage: Was macht eine gute Mutter aus? Ist das etwa die Frau, die dann von einem Tag auf den anderen sich volle 24 Stunden nur um Kind und Haushalt kümmert und ihre bisherigen sozialen Kontakte zu anderen Erwachsenen in ihrem Berufsumfeld aufgibt? In den ersten Wochen nach einer Geburt ist es zunächst sicherlich notwendig, sich von den Anstrengungen der Geburt zu erholen, Übung im Stillen zu bekommen und die neuen Aufgaben der Kinderpflege zu erlernen.

Aber aus Babys werden Kleinkinder, und Kinderbetreuung wird zur Kindererziehung. Kindererziehung gehört sicherlich zu den anspruchvollsten und am meisten herausfordernden Aufgaben in unserer Gesellschaft. Da tauchen immer wieder Situationen auf, in denen man an seine

Grenzen stößt. Entscheidend jedoch ist die Notwendigkeit ständiger Verfügbarkeit. Es gibt keinen Feierabend, keine Nachtruhe und auch kein Wochenende. Wer sich jahrelang um zwei oder gar drei Babys und Kleinkinder kümmert, braucht nach und nach seine Nervenkraft auf und kann dann dem Anspruch, eine gute Mutter zu sein, nur noch schwer gerecht werden.

Wer ist eigentlich eine gute Mutter? Ist es nur die, die den ganzen Tag zu Hause verbringt, sich ausschließlich mit haushaltsnahen Tätigkeiten und mit den Kindern beschäftigt. Oder kann es auch die Frau sein, die zusätzlich beruflichen Aufgaben nachgeht, die sich geistig gefordert fühlt, eigenes Geld verdient, soziale Kontakte mit anderen Erwachsenen hat und dafür evtl. einen Teil der Hausarbeit an Haushaltshilfen delegiert? Kann es nicht sein, dass diese Frau ausgeglichener, zufriedener und kraftvoller ist, und dass sie sich bewusst und mit Freude ihrem Kind bzw. ihren Kindern widmet?

In diesem Zusammenhang sind die neueren Forschungsergebnisse der Psychologieprofessorin Una Röhr-Sendlmeier an der Universität Bonn hoch interessant. Sie fand heraus, dass Kinder von Müttern, die berufstätig sind und einen hohen Schulabschluss haben, bessere Leistungen in der Schule bringen. Ebenso schneiden die Kinder besser ab bei den Kriterien Neugier, Bereitschaft sich anzustrengen, Selbstständigkeit und Teamfähigkeit als Kinder, deren Mütter Hausfrauen sind. Una Röhr-Sendlmeier führt dies auf folgende vier Faktoren zurück: Imitation, Stimulation, Instruktion, Motivation:

Imitation: Berufsorientierte Mütter sind ein Vorbild für ihre Kinder. Sie leben den Kindern vor, wie man viele Aufgaben so organisiert, dass man sie auch bewältigt.

Stimulation: Mütter mit hohem Schulabschluss bieten ihren Kindern mehr kulturelle und soziale Anregungen wie zum Beispiel den Besuch von Theatern, Museen, Ausstellungen und Konzerten.

Instruktion: Sie vermitteln eher komplexe Arbeitsstrategien, können gut erklären, wie man sich Informationen besorgt oder wie man mit PC-Programmen, Technik und Medien umgeht.

Motivation: Sie motivieren ihre Kinder optimal, da sie einerseits nicht gleichgültig gegenüber dem Lernen der Kinder sind und andererseits dieses nicht zu stark kontrollieren. Dies fördert zum einen die Selbstständigkeit und zum anderen verbessert das Interesse der Mütter an den Leistungen der Kinder eben diese.

Anne-Kathrin Deutrich, Vorstandssprecherin bei der Sick AG, inzwischen im Ruhestand, empfiehlt Frauen, den »richtigen« Mann als Partner zu nehmen. Sie meint damit einen Mann, der partnerschaftlich das Berufsleben seiner Frau respektiere und unterstützte, eben keinen »Macho«. Sie empfiehlt weiterhin, den Mut zu haben, Kinder zu kriegen und nicht 24 Stunden am Tag für sie da zu sein. Diesbezüglich sollten Frauen ihrer Meinung nach ihr schlechtes Gewissen abschaffen.

Dr. Katja Nagel, zum Zeitpunkt des Interviews Vice President Corporate Development & Communication bei O2, gestaltete ihren Tag so, dass sie immer um 18 Uhr nach Hause kommen und zwei Stunden »Quality Time« mit ihren Kleinkindern verbringen konnte. Sie spielte mit ihnen, ging mit ihnen zum Radfahren oder spazieren und war ganz für sie da. Wenn die Kinder im Bett waren, bearbeitete sie ihre Mails und arbeitete noch circa zwei Stunden. So kam sie auf die gleiche Arbeitszeit wie andere Manager. Den Rücken hielt ihr ein Au-Pair-Mädchen frei, das auch den Haushalt führte.

Frauenförderung

Frauenförderung ist bereits in Teil 1 des Buches beschrieben worden. In dieser Untersuchung zeichneten sich einige Frauen in Führungspositionen dadurch aus, dass sie – als Alleinerziehende, die Ernährerrolle innehabend – nach den Geburten ihrer Kinder nur sehr kurze Auszeiten genommen hatten (zum Beispiel vier Monate). Die Kinderbetreuung hatten sie meist mit Tagesmüttern geregelt. Das heißt: Es gibt Beispiele, bei denen Kinder und Karriere (nicht nur Beruf!) vereinbar sind. Solche weiblichen Führungskräfte berichteten, dass die Doppelbelastung vor allem in der Baby- und Kleinkindzeit sehr anstrengend gewesen sei. Da aber kein männlicher Ernährer den beruflichen Part übernommen habe, seien sie zu dieser Lösung gezwungen gewesen. Frauen, die Kinder bekommen und ihren Broterwerb mit einem männlichen Ernährer teilen, sehen weniger die Notwendigkeit, diese Anstrengung zu leisten. Sie sind dazu auch nicht gezwungen. Dabei berücksichtigen die Frauen nicht die langfristigen Folgen für das berufliche Fortkommen, und sie unterschätzen die Schwierigkeiten beim Wiedereintritt in den Beruf.

Gefördert wird dieses Verhalten durch die »Mythen«:

- »ein Kind braucht seine Mutter 24 Stunden am Tag«,
- »Erziehungsurlaub nimmt man für drei Jahre«,
- »eine Frau, die Beruf und Kinder vereinen kann, ist schon darum bewundernswert«,
- »der Mann macht Karriere, die Frau unterstützt das«.

Die Erwartung, beruflich erfolgreich zu sein, wird an Frauen nicht in gleichem Maße wie an Männer herangetragen. Diesem niedrigeren Erwartungshorizont entsprechen die Frauen. Das hat auch den Vorteil, dass sie sich nicht zur Wehr setzen müssen gegen Anfeindungen von Frauen wie auch von Männern, die überzeugt und geprägt sind von den oben aufgeführten »Mythen«. Frauenförderung könnte also heißen, die Kompetenzen der Frauen einzufordern und sie im wirtschaftlichen und politischen Leben in die Verantwortung zu nehmen.

Langsam kommt Frauen die Gesetzesänderung bezüglich des Unterhaltsrechts im Januar 2008 ins Bewusstsein und die damit verbundenen Auswirkungen auf eine Unterbrechung der Berufstätigkeit. Das Gesetz dient zur Förderung des Kindeswohls und betont die nacheheliche Eigenverantwortung. Während früher Ansprüche der Ehegatten gleichberechtigt neben denen der Kinder standen, sind Ansprüche von Erwachsenen nun stets nachrangig. Der Anspruch auf Betreuungsunterhalt gegen den anderen Elternteil wegen Erziehung eines gemeinsamen Kindes ist in der Regel auf drei Jahre befristet. Danach müssen Möglichkeiten der Kinderbetreuung genutzt werden und es muss einer eigenen Erwerbstätigkeit nachgegangen werden. Einmal Arztgattin – immer Arztgattin gilt nicht mehr.

Bei einigen weiblichen Führungskräften, die an der Studie teilgenommen haben, übernimmt vorwiegend der Ehemann – von Beruf zum Beispiel Lehrer, Künstler oder Selbständiger – die Kinderbetreuung. Bei Renate Bloß-Barkowski, Mitglied des Vorstands bei der SEB AG, übernimmt ihr Ehemann die häuslichen Pflichten und die Pflege der privaten Kontakte. Sie berichtete, die Nachbarn in ihrem Wohnort, an dem sie nur am Wochenende sei, wüssten nicht, dass sie Vorstand eines Unternehmens mit mehreren tausend Mitarbeitern sei. Dies ist ein gutes Beispiel für gesellschaftlich bedingte, unterschiedliche Rollenerwartungen an Männer und Frauen. Aufgrund der Erwartungen, die an Männer herangetragen werden, ist es zwar vorstellbar, dass ein Mann sich mit seinem beruflichen Erfolg nicht in Szene setzt, nicht aber, dass er diesen in seinem privaten Umfeld über Jahre gar nicht thematisiert.

Martina Heim, Personalleiterin bei L'Oréal Deutschland GmbH, kritisiert die früheren Schutzgesetze, die die Frauen wie ein Bumerang in den Rücken getroffen hätten. Durch diese Gesetze sei es zu riskant geworden, Frauen auf künftige Führungspositionen hin zu entwickeln. Frauenförderprogramme allein aber sind nicht der Weisheit letzter Schluss. Frauen zu fördern, ist Aufgabe jeder Führungskraft. Führungskräfte müssen lernen, bei Frauen nach deren schlummerndem Potenzial zu suchen und dieses zu entwickeln. Gerade in großen Unternehmen, in denen es einen eigenen Personalentwicklungsbereich gibt, denken Führungskräfte gerne, dass Personalentwicklung wohl nur die Aufgabe dieses Bereiches sei. Seine MitarbeiterInnen zu entwickeln und zu fördern, ist aber eine ureigene Führungsaufgabe. Warum soll jede Führungskraft das machen? Ganz einfach, weil sie selbst und das Unternehmen von den Ergebnissen solcher Förderung profitieren.

Interessanterweise konnte in dieser Untersuchung kein Einfluss einer Zertifizierung von Unternehmen für Familienfreundlichkeit festgestellt werden. Berücksichtigt wurden die Auszeichnung »Total E-Quality-Prädikat«, die Zertifikate »Der Familienfreundliche Betrieb« oder »Audit Beruf und Familie«. Frauen fühlen sich also subjektiv nicht stärker unterstützt, wenn sie in einem zertifizierten im Vergleich zu einem nicht zertifizierten Unternehmen arbeiten und zwar sowohl hinsichtlich des beruflichen Fortkommens als auch hinsichtlich der Vereinbarkeit von Beruf und Privatem. Der Erwartung entspricht dies nicht. Hier besteht wohl eine Diskrepanz zwischen Theorie und Praxis, zwischen Anspruch und Wirklichkeit. Aber wie sähe die Wirklichkeit aus, wenn die Ansprüche nicht formuliert wären?

Eine mögliche Erklärung ist, dass die Zertifizierung eines Unternehmens nicht heißt, dass wirklich in jeder Abteilung, von allen handelnden Personen zu jedem Zeitpunkt danach gelebt wird. Es ist denkbar, dass in der Hektik des Tagesgeschäftes, bei besonders hohem Arbeitsvolumen oder anderen aktuellen Problemen, die Einhaltung von flexibler Arbeitszeit, das Arbeiten am Telearbeitsplatz bzw. die Verbindung von Beruflichem und Privatem insgesamt in den Hintergrund geraten.

Eine weitere Erklärungsmöglichkeit ist der Unterschied zwischen der »Innensicht« und der »Außensicht«. Gemeint ist, wie die Mitarbeiterinnen ihr Unternehmen selber sehen bzw. wie ein Beobachter von außen ein Unternehmen wahrnimmt und beurteilt, etwa auch im Vergleich zu anderen Firmen. Das heißt zum Beispiel, es können sich Mitarbeiter als schlecht vergütet empfinden, sie werden aber von Außenstehenden im Vergleich zum branchenüblichen Gehaltsniveau als hoch bezahlt eingestuft. Dieses Beispiel zeigt, wie leicht eine Diskrepanz zwischen subjektivem Empfinden der Betroffenen und der objektivierten Einschätzung entsteht. Auch im vorliegenden Fall kann dies eine Erklärungsmöglichkeit für die Diskrepanz zwischen der subjektiv empfundenen und der objektivierten Unterstützung sein.

Interessant wäre, den eigentlichen Zertifizierungsvorgang genau zu untersuchen. Zu untersuchen wäre: Welche Kriterien werden geprüft, von wem, und zu welchem Zeitpunkt werden sie geprüft? In dieser Arbeit wurden allein drei verschiedene Zertifizierungen berücksichtigt. Auch den Zeitpunkt der Zertifizierung muss man berücksichtigen. Sind die angeführten Maßnahmen bereits in die Tat umgesetzt oder sind sie noch im Stadium der Planung? Haben die getroffenen Maßnahmen schon Zeit gehabt zu wirken und das Denken und Handeln im Unternehmen (im Sinne von Gender Mainstreaming) zu beeinflussen?

Man kann sicherlich davon ausgehen, dass für die subjektiv empfundene Unterstützung das Verhalten des direkten Vorgesetzten entscheidender ist als die Zertifizierung des Unternehmens. So berichtete beispielsweise eine Führungskraft aus einem »zertifizierten« Großkonzern, dass ihr Vorgesetzter sie in ihrer beruflichen Fortentwicklung nicht unterstützt, sondern sogar »gebremst« habe, da er ihre gute Arbeitsleistung nicht wegen ihrer evtl. Beförderung verlieren wollte. Von demselben Untenehmen berichtete andererseits eine Mitarbeiterin, dass ihr Vorgesetzter ihr inoffiziell und unbürokratisch Telearbeit erlaube und sie beruflich sehr unterstütze. Die Personalabteilung sei aber von dieser Vereinbarung nicht in Kenntnis gesetzt worden, geschweige denn sei die Vereinbarung mit dieser abgestimmt worden.

Auch Reinhard Sprenger (2001) weist darauf hin, dass die Beziehung zur unmittelbar vorgesetzten Führungskraft entscheidend für die Produktivität und Verweildauer von Mitarbeitern und Mitarbeiterinnen sei. Es gilt der Spruch: »Vertrauen verbindet«. Er schreibt: »Mit Respekt und Wohlwollen behandelt werden, als Mensch, dessen Stimme zählt und dem – vor allem! – Vertrauen entgegengebracht wird.« (Sprenger 2001: 28).

Die Bemühungen der Firmen um Chancengleichheit sind trotzdem sicherlich nicht vergeblich. Dieses Bemühen ist auch nicht unbedingt mit dem Streben nach Zertifizierung gleichzusetzen. Denn nicht jede Firma bemüht sich um ein Zertifikat, dennoch aber um Frauen- und Familien-freundlichkeit. Zum einen suchen sich Mitarbeiter nach Möglichkeit Firmen mit einer Unternehmenskultur, die den eigenen Werten und Vorstellungen entspricht und in denen sie sich wohl fühlen. Das heißt, mit der »Marketingmaßnahme Frauenförderung« spricht ein Unternehmen die weiblichen Bewerber an und kann sich aus dem gesamten Bewerberpool die qualifiziertesten auswählen. Zum anderen wurde auf die Frage »Hat Ihre Firma Sie in Ihrem beruflichen Fortkommen unterstützt?« in dieser Untersuchung nicht nur der Vorgesetzte genannt, sondern auch der Mentor, der eine Führungsposition angeboten hat. Hier kommt die Bedeutung der Maßnahme, durch Mentor-Mentee-Programme Frauen zu fördern, zum Vorschein.

Mentoring ist eine wichtige Form von Frauenförderung. Frauen brauchen spezielle Förderung nicht nur wegen der strukturellen Barrieren (siehe oben) und wegen des klassischen Frauenstereotyps, das nur ungern ausgeweitet und verändert wird (siehe oben), sondern auch wegen ihrer eigenen Denk- und Verhaltensweisen. So berichtete ein weibliches Vorstandsmitglied eines großen Unternehmens aus der Dienstleistungsbranche stolz, dass ihr in ihrer Karriere jede neue Position angeboten wurde. Sie selbst wäre für solche schnellen Wechsel gar nicht jedes Mal schon bereit gewesen, da sie sich in ihrem momentanen Job gerade erst eingearbeitet hätte. Sie hatte ihre gesamte berufliche Entwicklung innerhalb dieses Unternehmens durchlaufen und zwar ohne erkennbar ausgeprägtes Konkurrenzverhalten. Dies entspricht den Ergebnissen der Untersuchung von Muriel Niederle und Lise Vesterlund (2005) über Konkurrenzverhalten (siehe oben), denen zufolge Frauen meistens Konkurrenzsituationen meiden, auch bei vorhandener Kompetenz und hohen Gewinnchancen. Es entspricht auch den Ausführungen von Doris Bischof-Köhler (1993) über Konkurrenzverhalten (siehe oben), denen zufolge Frauen aus evolutionsbiologischer Sicht keine Disposition für Konkurrenzverhalten haben.

Die in meiner Studie Befragten äußerten, dass Männer beherzter Chancen ergreifen, sich mehr zutrauen und dabei lernen. Frauen hingegen warten ab, bis sie sich einer Aufgabe voll und ganz gewachsen fühlen und lassen sich dann überreden, den Job zu versuchen. Deshalb ist die Bedeutung eines förderlichen Umfeldes und einzelner fördernder Personen nicht zu unterschätzen. Denn Personen brauchen die Chance zu zeigen, dass sie der Aufgabe gewachsen sind genauso wie die Möglichkeit, an der Aufgabe zu wachsen. Dies verdeutlicht die Notwendigkeit für Personen in Führungspositionen, sich über die verringerte »Aufstiegskompetenz« der Frauen im Klaren zu sein, sich aber darüber hinwegzusetzen, um dann von der Führungskompetenz der Frauen zu profitieren (siehe Kapitel Ausblick und Implikationen für Führungskräfte und Personalentwickler). Frauen haben oft ein Selbstunterschätzungssyndrom (Friedel-Howe 2003, siehe oben) bzw. sie zeigen »selbst begrenzendes Verhalten« (Spreemann 2000). Das bestätigen die Ergebnisse der Interviews. So wurde geäußert, dass Frauen nicht in gleichem Maß wie Männer sich zum Ziel setzen würden, Vorstand oder Geschäftführerin zu werden. Gerade Frauen mit Kindern seien zufrieden, wenn sie überhaupt ihre Berufstätigkeit mit den privaten Aufgaben verbinden könnten, sie dächten nicht an eine weitgehende Karriere. Letztendlich bestätigt dies auch das »Paradox der zufriedenen Mitarbeiterin«, das mit einem niedrigeren Anspruchsniveau der Frauen und im Vergleich zu Männern einem geringeren Wertschätzen von Bezahlung und Ansehen begründet wird (Phelan 1994). Die gesellschaftliche Rolle der Frau bestimmt somit ihr Denken und Handeln. Es ist nahe liegend, dass dies auch einen Einfluss auf die Berufswahl hat. Auch der Gesichtspunkt »Work-Life-Balance«, kommt hier zum Tragen. Frauen auf Mitarbeiterebene achten mehr auf diese Balance, jedoch beginnen auch Männer, dies zu tun. Diese Tendenz entspricht dem Ergebnis der Untersuchung von Ernst-H. Hoff u. a. (2005). Es wird aber von den Frauen auch erwartet, dass sie auf ihre Work-Life-Balance achten. Denn »Life« bedeutet oft die Erfüllung privater Pflichten, von der Haushaltsführung bis zur Kinderbetreuung und Pflege von Familienangehörigen. Oswald Neuberger (2002: 776) nennt diese die »unbezahlte Reproduktionsarbeit«.

Vaterschaft und Mann-Sein

Mutter sein ist schön, – Vater sein auch! Eine befragte Managerin in der Automobilindustrie drückte es so aus: »Jede Frau sollte sich ein Kind gönnen!« Diesen Ausspruch könnte man um zwei Aspekte ergänzen bzw. erweitern. »Jeder *Mensch* sollte sich ein Kind gönnen! Und jedem Kind sollte man ein Geschwisterchen gönnen!« Es spricht sich übrigens auch bei den Männern herum: »Keine Karriere kann ein Kinderlächeln ersetzen!«

Männer engagieren sich heute in einem ganz anderen Ausmaß für ihre Kinder als noch deren eigene Vätergeneration, und das mit zunehmender

Tendenz. Die neue Familienpolitik wirkt insofern endlich unterstützend, als sie auch Vätern Elterngeld zahlt. Dadurch ist es für Männer innerhalb der Unternehmen einfacher geworden, Elternzeit zu beanspruchen, ohne als »Aussteiger« oder »Versager« stigmatisiert zu werden. Durch die neue Gesetzgebung wird dieses Verhalten vom Staat und von der Gesellschaft gewollt, gefördert und unterstützt. So können die Menschen in den Unternehmen dieses Verhalten nicht mehr in gleichem Ausmaß wie bisher durch Ausschluss von Karrierechancen sanktionieren.

Als nächster Schritt wäre es sinnvoll, die zwei Monate, die gegenwärtig oft von Vätern in Anspruch genommen werden und nicht auf das andere Elternteil übertragen werden können, auf sechs Monate zu verlängern. Somit wird die Erziehungsarbeit noch mehr auf Männer und Frauen aufgeteilt, was den Kindern zu Gute kommt und das gegenseitige Verständnis füreinander fördert. Arbeitgeber können dann in zunehmendem Maße nicht mehr nur den Frauen das Risiko, wegen Kindererziehung auszufallen, zuschreiben.

Männer haben immer noch zu wenig erkannt, dass es Ihnen Vorteile bringt, wenn Frauen Karriere machen und ein gutes Gehalt verdienen. Wenn die Last der Erwerbstätigkeit auf den Schultern von Mann und Frau verteilt ist, sind die Konsequenzen von Arbeitslosigkeit leichter abzufedern. Es entstehen auch Freiräume für verschiedene Lebenskonzepte.

Insgesamt lässt sich konstatieren, dass Männerförderung noch in den Kinderschuhen steckt.

Männerförderung: Gleichberechtigung für den Mann

Die Fragen der Männerförderung wurden in Teil 1 des Buches bereits besprochen. Bei dieser Untersuchung ist als Ergebnis auch festzuhalten, dass Frauen mit Kindern in vielen Unternehmen nicht mehr als forder- und förderbar eingeschätzt werden und dass sie bezüglich ihrer Karrieremöglichkeiten »abgeschrieben« sind. Noch viel drastischer ergeht es Männern so, die Anteil an der Kinderbetreuung nehmen möchten, da ein solches Verhalten dem herkömmlichen Rollenbild nicht entspricht. Männern wird in solchem Fall noch mehr die Aufstiegsorientierung abgesprochen. Zu diesem Ergebnis kam auch Sonja Bischoff (2005: 183) in ihren Studien.

Die derzeitige Familienministerin Kristina Schröder hat sich die Jungenförderung auf die Fahnen geschrieben. Sie hat, analog zum »Girls' Day«, so genannte »Boys' Days« ins Leben gerufen, an denen Jungen mit typisch weiblichen Berufen (wie zum Beispiel KindergärtnerIn) vertraut gemacht werden. An diesem Aktionstag können Jungen Berufe kennen lernen, in denen überwiegend Frauen arbeiten. Dazu gehören Arbeitsbereiche im Sozialwesen, bei den Heil- und Pflegeberufen sowie in der Pädagogik. Frauenberufe sind Berufe, in denen als Faustregel weniger als 30 Prozent der Beschäftigten männlich sind. Hierzu zählt beispielsweise auch der Beruf der pharmazeutisch-technischen AssistentIn. Die Jungen sollen motiviert werden, das Rollenverhalten in der Berufswahl zu hinterfragen.

Die Frauenförderung kann nur Früchte tragen, wenn gleichzeitig Männerförderung stattfindet. Nur wenn man an die Angst der Männer vor der Frau im Management, die Heidrun Friedel-Howe (2003) aufgeführt hat, berücksichtigt, wird eine veränderte Position von Frauen im Management und damit in der Gesellschaft erfolgen können. Den Männern müssen dann verschiedene Lebenswege aufgezeigt und ermöglicht werden. Solange sie keine Alternative zum Rollenmodell des Ernährers der Familie zugestanden bekommen, bleibt die Führungsfrau ihre neue Konkurrenz auf dem Karriereweg.

Frau und Mann als Paar

Die klassische Rollenverteilung wird von vielen Paaren nach wie vor gelebt. So kommt es dazu, dass der Mann nach wie vor die Rolle des Alleinverdieners übernimmt. In vielen Fällen unterstützt er aber auch eine Berufstätigkeit seiner Partnerin. Diese Berufstätigkeit ist in der Regel nur ein Zusatzverdienst. Die Frau ist in erster Linie für Kinder und Haushalt zuständig, und sie hat die Führung im privaten Bereich. So drängt sie im Beruf nicht zusätzlich in eine Führungsposition (Paradox der zufriedenen Mitarbeiterin).

Viele Frauen stehen gerne in der zweiten Reihe und unterstützen ihren Partner, sie halten ihm quasi die Tür auf. Da stellt sich die berechtigte Frage: Wer ist wichtiger – der, der die Tür aufhält oder der, der durch die Tür geht? Vielleicht ist die, die die Tür aufhält, wirklich wichtiger. Aber vielleicht bewegt der, der durch die Tür hindurch geht, mehr, er hat mehr

Einfluss und Entscheidungsgewalt. Auch wenn Frauen bisher immer wichtig waren, sollten sie zukünftig öfter durch die Tür hindurch gehen und ins Rampenlicht treten. Die zweite Reihe war doch auch aus Bequemlichkeit und Scheu vor der Verantwortung gewählt worden, und auch aus Scheu vor der Kritik und der Konkurrenz, der man sich aussetzt, wenn man Verantwortung übernimmt.

Die Führungsrolle im Privaten ist oft der Grund, warum Frauen nicht auch noch im Beruf in die Führungspositionen drängen. Frauen sind in der Regel froh, überhaupt eine Berufstätigkeit mit den privaten Aufgaben verbinden zu können. Oft plagt sie dabei ein schlechtes Gewissen gegenüber ihren Kindern, das von Teilen der deutschen Gesellschaft bei ihnen erzeugt wird, und zwar besonders von Schwiegermüttern, anderen nicht berufstätige Müttern und Konkurrenten im Beruf. In nächster Zeit wird die Pflege der Elterngeneration neben der Kindererziehung ein weiteres wichtiges Aufgabengebiet sein.

»Frauen stecken mehr zurück als Männer.« sagt Karen Gajewski, Geschäftführerin bei Tee Gschwendner GmbH. »Und zwar in dreierlei Hinsicht: persönlich, beruflich und finanziell. Männer hingegen müssen Helden sein, sie müssen stark sein! Für viele Männer ist diese Rollenzuweisung schwierig, zumindest anstrengend.« So ist es kein Wunder, dass mehr Männer als Frauen einen Herzinfarkt erleiden. Warum dürfen Männer keine anderen Lebensentwürfe haben als die des Ernährers? Die Befreiung des Mannes aus tradierten Rollenklischees ist an der Zeit. Schließlich ist das Bildungsniveau der Frauen mindestens gleich gut.

Eine Frau hat bei ihrem Lebensentwurf in unserer Gesellschaft mehr Wahlmöglichkeiten als ein Mann. Welchen Lebensentwurf sie auch wählt, es gibt jedoch immer eine Personengruppe, die sie deswegen angreift:

– Ist eine Frau Mutter und übt sie gleichzeitig keinen Beruf aus, so ist sie eine »Nur-Hausfrau« oder das »Heimchen am Herd.«

– Ist eine Frau berufstätig und hat sie keine Kinder, so gilt sie als eine »Karrierezicke«.

– Hat eine Frau Kinder und ist sie berufstätig, so ist sie eine schlechte Mutter, gar eine »Rabenmutter«.

Und da – gleich welchen Lebensentwurf eine Frau wählt – sich immer eine Personengruppe findet, die den gewählten Lebensentwurf anfeindet, kann eine Frau frei wählen, für welchen sie angegriffen wird. Wichtig ist jedoch, sich im eigenen privaten Umfeld mit Personen zu umgeben, die den eigenen Lebensentwurf achten und respektieren. Andersherum formuliert ist es eben egal, was Frauen machen, sie machen es immer falsch. Deshalb tun sie sich schwer mit ihrer Entscheidung und jammern herum. »Frauen stehen sich selbst im Weg,« meint Bettina Petzold, General Manager Business Development bei Lufthansa Cargo.

Dagegen haben Männer weniger Wahlmöglichkeiten. Sie sollen der Ernährer der Familie sein und auch Karriere machen. Regine Pohl, Director Handhelds & Mobility Hewlett Packard EMEA, empfindet es als Vorteil, nicht diesen Karrieredruck wie die Männer zu haben, sondern entspannter sein und noch alternative Wege gehen zu können. Hausmänner erhalten wenig bis gar keine gesellschaftliche Anerkennung. Deshalb ist es wirklich an der Zeit, mehr für die Gleichberechtigung des Mannes zu tun. Auch eine ausgebildete Frau kann für den Lebensunterhalt verantwortlich sein. Ökonomisch ist es ohnehin sinnvoll, erst in die Ausbildung von Frauen zu investieren und dann auch den vollen Ertrag zu erhalten.

Frauen und Karriere

»Ein bisschen etwas von dem, was Du
Dir einbildest, tut Dir ganz gut.«
Maire Loyd

Auf die Frage: »Warum gibt es so wenige Frauen in Führungspositionen?«
meint Petra Eberlein-Kemper, Direktorin bei der Commerzbank: »Das
muss man andersherum formulieren: Es müssen 1003 Faktoren stimmen,
damit eine Frau in eine Führungsposition kommt.« Viele Faktoren im privaten Bereich und viele Faktoren im beruflichen Bereich spielen eine Rolle,
damit eine Frau in eine Führungsfunktion kommt: Es genügt nicht, dass sie
fachlich kompetent, geeignet und willig ist. Vielmehr müssen sowohl die
Voraussetzungen im privaten Bereich gegeben sein wie auch die Bereitschaft im beruflichen Bereich, einer Frau (statt eines männlichen Kollegen)
die Chance zu geben, Führungskraft zu werden.

Frauen glauben immer noch, allein durch die Qualität ihrer Arbeit in
der beruflichen Karriere weiterzukommen. Aber das Aschenputtel-Schema
– warten und entdeckt werden wollen – funktioniert nicht. Ohne Eigeninitiative, Eigenmarketing und Einfordern des beruflichen Fortkommens
funktioniert Karriere nicht. Viele der befragten weiblichen Führungskräfte
meinten, sie wären weitergekommen, wenn sie mehr Eigenmarketing betrieben hätten oder mehr netzwerken würden.

Auch die bei Frauen und Männern unterschiedliche Karriere- und Zielorientierung, unterstützt durch die tradierten Rollenbilder in der Gesellschaft, verhindern die Beförderung von Frauen. Anne-Kathrin Deutrich,
Vorstandssprecherin der Sick AG, inzwischen im Ruhestand, kommentiert
das folgendermaßen:»Männer setzen sich Ziele, Frauen warten, bis sie gefragt werden oder den Anforderungen perfekt entsprechen.« Und auch
nach der Beförderung verhalten sich Frauen und Männer unterschiedlich.
Eine Frau, die eine neue Stelle angetreten hat, fragt: »Was kann ich tun?«
hingegen fragt der Mann: »Was kann ich werden?«

Problematisch ist auch, dass Frauen aufgrund der bestehenden Ver-
hältnisse und aus historisch bedingten Vorurteilen heraus denken, dass sie
besser sein müssen als Männer, um erfolgreich Karriere machen zu kön-

nen. Das schraubt ihr Anspruchsdenken an sich selbst nur weiter nach oben, macht sie zurückhaltend und bremst sie, neue Herausforderungen anzunehmen. So gibt es heute immer noch Frauen in Führungspositionen, die versuchen, ein »besserer Mann« zu sein. Sie sind sehr »tough« in ihrem Auftreten und verwenden viel Energie dazu, andere zu kopieren, statt ihren eigenen weiblichen Weg zu finden.

Der männliche Vorgesetzte einer interviewten weiblichen Führungskraft bemerkte einmal:»Ihr Frauen habt den Komplex, besser sein zu müssen als die Männer. Und was ist das Ergebnis? Ihr seid besser als die Männer.« Dazu muss man ergänzen, dass nur wenige es schaffen, dies in Karriereschritte umzusetzen. Diesem Sachverhalt Rechnung tragend, wies ein mir bekannter mittelständischer Unternehmer seine beiden Söhne, also seine designierten Nachfolger, darauf hin:»Denkt daran, Frauen meinen immer, sie müssten besser sein und mehr leisten als Männer. Nutzt das aus!« Anschließend wandte er sich an seine Tochter und mahnte sie:»Und Du lässt Dich nicht ausnutzen!«

Präsenzkultur und die Zeitfalle

Ein entscheidendes Problem für Frauen im Beruf ist die in Firmen vorherrschende Präsenzkultur. Präsenzkultur heißt, dass die zeitliche Anwesenheit eines Mitarbeiters gleichgesetzt wird mit seinem Engagement, seiner Einsatzbereitschaft und somit seiner Förderungswürdigkeit. Eine Beförderung muss man sich auch durch Anwesenheit ersitzen und so der Präsenskultur Rechnung tragen. Damit wird die Präsenzkultur zur Zeitfalle für Frauen, wenn sie sich auch um private Angelegenheiten (Kinderbetreuung, Altenpflege, gesellschaftliches Engagement, etc.) kümmern möchten.

Was genau ein Mitarbeiter während seiner Anwesenheit im Büro tut, ist im Detail nicht kontrollierbar. Die Präsenzkultur ist also nicht durch betriebliche Erfordernisse vorgegeben, sondern sie besteht nur in den Köpfen der Menschen. Es ist allgemein bekannt, dass die Produktivität von Teilzeitkräften oft höher ist als die von Vollzeitkräften; dies hat jedoch keinen Einfluss auf Karriereentscheidungen.

Die Vereinbarkeit von Privatem und Beruflichem sieht auch eine interviewte Managerin zum Zeitpunkt des Interviews als »heißes Eisen« in ihrer Firma an. Bei diesem Thema werde es schwierig. Sie habe noch nie erlebt, dass Mütter vernünftig in den Arbeitsprozess integriert würden. Ihren Job schätzte sie als machbar bei 4 Tagen pro Woche Anwesenheit im Büro ein. Sie vermutete, dass die Firma dazu wahrscheinlich nicht bereit sei. Tatsächlich hat diese Managerin inzwischen nach der Geburt des ersten Kindes das Unternehmen verlassen.

Technische Kommunikationsmöglichkeiten wie Handy, Laptop und Telearbeitsplatz werden zwar genutzt, sie haben jedoch das Denken und das Arbeitsverhalten noch nicht grundlegend geändert. Nach wie vor hält die überwiegende Mehrheit der männlichen Führungskräfte Führung nur bei langer Anwesenheit für möglich. Die Tatsache, dass Führungskräfte viel in Besprechungen sitzen und deshalb nicht für jeden Mitarbeiter permanent greifbar sind, wird hartnäckig übersehen. Vermutlich ist dieses Denken aber auch eine Abwehrstrategie, um weibliche Konkurrenz auszuschalten. Denn in dringenden Fällen könnte eine Führungskraft, die gerade nicht in ihrem Büro anwesend ist, genauso gut per Telefon kontaktiert werden.

Es ist also ein heiß diskutiertes Thema, ob Führung in Teilzeit möglich ist. Viele der befragten Frauen, denken, dass dies möglich sei. Einige wenige praktizieren es sogar. Auf jeden Fall sind Führungsaufgaben in Kombination mit einem Homeoffice aufgrund der technischen Kommunikationsmöglichkeiten heute denkbar und häufig auch durchführbar. Diese vorhandene Möglichkeit wird aber wegen der vorherrschenden Präsenzkultur noch wenig genutzt.

Präsenzkultur und Lebensplanung hängen eng zusammen. Viele Frauen überlegen schon bei der Berufswahl, wie sie später Beruf und Familie unter einen Hut bekommen können. Schon zu diesem Zeitpunkt stellen sie also – häufig unbewusst – die Weichen gegen eine Karriere.

Frau und Eigeninitiative (Aschenputtel-Prinzip)

Frauen auf Mitarbeiterebene unterscheiden sich von Frauen in Führungspositionen ebenso dadurch, dass sie weniger Eigeninitiative zeigen und ihr berufliches Fortkommen weniger einfordern (siehe Tabelle 22). In den Interviews gaben bedeutend mehr Führungskräfte an, dass sie von ihrer Firma Unterstützung in ihrem beruflichen Fortkommen erfahren hätten, jedoch nur weil sie Ansprüche angemeldet hätten, danach gefragt hätten und Eigeninitiative gezeigt hätten.

Gerda Peter, Prokuristin bei der DKB Wohnungsbau und Stadtentwicklung GmbH, habe von Anfang an kundgetan, dass sie weiterkommen wolle, und sie habe es in den ersten Jahren sogar eingefordert. Petra Eberlein-Kemper, Direktorin bei der Commerzbank, betont, wie wichtig es sei, seine Wünsche zu äußern und nicht auf den Prinzen, der wach küsse, zu warten. Dr. Christine Bortenlänger, Vorstand der Bayerische Börse AG sieht dies ähnlich. Ihrer Meinung nach nähmen und hielten Frauen sich zu sehr zurück. Oft kritisierten Frauen nur, aber wenn sie die Chance bekämen, etwas zu bewegen, würden sie diese Chance nicht ergreifen. Ihrer Vorstellung nach müssten Frauen »raus aus der warmen Badewanne« und sich dem kühlen Wind der Verantwortung stellen. Auch Julia Merkel, zur Zeit des Interviews ehemalige Geschäftsführerin Personal und Administration bei OBI Bau- und Heimwerkermärkte GmbH & Co. Franchise Center KG, meint, dass Frauen schon Interesse an Führungspositionen hätten. Doch in Deutschland fehlen häufig noch nachahmungsfähige Vorbilder und so wirken in männlich geprägten Wirtschaftsdomänen häufig noch tradierte Rollenverständnisse auf beiden Seiten: zum Beispiel in der Frage, wie Konflikte effizient zu lösen sind. Sabine Röltgen, Managerin E-Marketing bei Henkel KGaA, nennt neben Eigeninitiative auch Geduld und Hartnäckigkeit als Erfolgsfaktoren.

Frauen auf Mitarbeiterebene zeigen sich in dieser Untersuchung als gut ausgebildet, sie fordern aber ihr berufliches Fortkommen nicht dementsprechend ein. Frauen bedürfen der besonderen Ermunterung und Aufforderung, Führungsaufgaben zu übernehmen. Darum spricht Gertrud Höhler (2002) sogar vom Aschenputtel-Prinzip. Frauen warten wie Aschenputtel auf ihren Prinz, der sie in ein anderes Leben entführen soll, oder sie warten – bezogen auf unser Thema – auf jemanden, der ihre guten Leistungen entdeckt und mit einer Beförderung honoriert.

Frau und Führungsmotivation

Führungsmotivation ist die Persönlichkeitseigenschaft, bei der sich die beiden befragten Gruppen – weibliche Führungskräfte und Mitarbeiterinnen

– am meisten unterscheiden. Die weiblichen Führungskräfte haben demnach im Vergleich zu den Mitarbeiterinnen ein weit ausgeprägteres Motiv zu sozialer Einflussnahme. Sie bevorzugen Führungs- und Steuerungsaufgaben weit mehr und schätzen sich selbst mehr als Autorität und Orientierungsmaß für andere Personen ein. Dr. Anneliese Wilsch-Irrgang, Director bei der Henkel KGaA, beispielsweise erzählt, dass sie nur nach Anweisung nicht arbeiten könne. Sie habe gerne selbst einen Gestaltungsspielraum, übernähme gerne selbst die Führung, bewege gerne Dinge und treibe gerne eigene Ideen voran. Das motiviere sie, Führungskraft zu sein. Martina Judmann, Quality Direktor bei der Continental AG, motiviert es, ihr Wissen an andere weiterzugeben, andere zu motivieren und sie mitzuziehen. Sie selbst sei weniger am höheren Verdienst in einer Führungsposition orientiert, sondern an der Anerkennung und dem mit der Arbeit verbundenen Enthusiasmus.

Aufschlussreich zum Thema Führungsmotivation sind die Antworten der befragten Frauen zu der Frage, warum so wenige Frauen in Führungspositionen seien. Brigitte Stöber, Leiterin Personalmarketing und -entwicklung bei der Ratiopharm Gruppe, vertritt die Ansicht, dass Frauen sich selbst nicht in der Führungsfunktion sähen oder sich diese nicht zutrauten. Es fehle auch an motivierenden Vorbildern. In ihrem Unternehmen beispielsweise wäre die Firmeneignerin in der Geschäftsführung tätig und habe somit anderen Frauen Führung vorgelebt. Das hätte einen großen und positiven Einfluss gehabt. Ein weiterer Gesichtspunkt sei, dass viele Frauen die Chance zum Aufstieg überhaupt nicht geboten bekämen.

Ruth Hueske, zur Zeit des Interviews Head of Corporate Development bei der DeTeImmobilien, glaubt, dass die fehlende Führungsmotivation vieler Frauen einer der Gründe ist, warum so wenige Frauen in Führungspositionen sind. Eine Führungsposition inne zu haben, sei auch mit Nachteilen verbunden, und sie finde es auch legitim, dass Frauen sich hier bewusst dagegen entschieden, da sie andere Prioritäten setzten. Eine Managerin aus der Produktionsbranche meint auch, dass Frauen andere Prioritäten setzten, dass sie dem Zeitaufwand, der mit Führung verbunden sei, nicht gerecht werden könnten und auch anderen Leuten nicht auf die Füße treten wollten. Führung bedeute, auch mal nicht beliebt zu sein und bei Meinungsverschiedenheiten nicht nachgeben zu können. Das wollten Frauen nicht, oder sie seien zumindest unentschlossen. Woher die fehlende Bereitschaft kommt, Führung zu übernehmen, erklärt Renate Bloß-Barkowski, Mitglied des Vorstands bei der SEB AG, so, dass Frauen nicht gerne Verantwortung übernähmen. Vor allem wenn sie zuhause die Verantwortung für Kinder hätten, wollten sie nicht auch noch die Verantwortung für MitarbeiterInnen übernehmen.

Diese Erkenntnis, dass Frauen oft die Hauptverantwortung im familiären Leben tragen und deshalb nicht bereit sind, im beruflichen Leben mehr Verantwortung – und damit die Führung – zu übernehmen (siehe Tabelle 33) ist ein bereits oben angesprochenes Ergebnis meiner Untersuchung. Wahrscheinlich würde eine Entlastung im privaten Bereich die Verantwortungsbereitschaft im beruflichen Bereich erhöhen. Ein weiterer Gesichtspunkt ist, dass der Anspruch, Führungsaufgaben übernehmen, an Frauen nicht gestellt wird. Die klassische Rollenverteilung sieht eine andere Aufgabenteilung vor. Frauen, die Karriere machen, werden dafür teilweise sogar angefeindet (»Karrierezicke«).

Jutta Wenzl, HR Director bei der Cognis GmbH, nennt als Begründung für die geringe Anzahl von Frauen im Management, dass es eine Berufstätigkeit von Frauen in der Wirtschaft noch gar nicht so lange gäbe und diese erst vor circa 100 Jahren anfangen durften, an den Universitäten zu studieren. Die Frage der Kinderbetreuung sei in Deutschland schlecht gelöst, es gäbe keine entsprechende Infrastruktur und somit ließen sich die Frauen auf die alte Rolle der Kindererzieherin ein. Nach Geburten gingen sie aus dem Job, und dann sei es schwierig, wieder dahin zurückzukommen und in Führungspositionen zu gelangen. Anne-Kathrin Deutrich, Vorstandssprecherin bei der Sick AG, hätte gerne weibliche Führungskräfte eingestellt, aber es hätten sich keine beworben. Wenn hoch qualifizierte Frauen Kinder bekämen, tauchten sie danach nicht mehr auf. Sie vermutet, dass es den Frauen auch am Willen und am Ehrgeiz fehle.

Frauen zeigen im privaten Bereich, dass sie Verantwortung übernehmen können. Angesichts eines zunehmenden Fach- und Führungskräftemangels empfiehlt es sich für Unternehmen, Maßnahmen zu erarbeiten, um die Bereitschaft der Frauen zu steigern, mehr Verantwortung und auch Führung im Beruf zu übernehmen. Brigitte Stöber, Leiterin Personalmarketing und -entwicklung bei der Ratiopharm Gruppe, meint: »Wir müssen dahin kommen, dass es normal ist, wenn Frauen in Führungspositionen sind. Wenn das Thema ›Frauen in Führungspositionen‹ nicht mehr aktuell ist, dann haben wir das Ziel erreicht. Darum ist den Firmenlenkern mehr Mut und Engagement zu wünschen, Frauen zu fördern.«

Frau und Macht

Die Geschäftsführerin eines namhaften Unternehmens antwortete auf die Frage: Was fällt Ihnen ein zum Thema ›Frauen und Macht‹?: »Macht ist männlich!« Sie spricht damit das aus, was viele Menschen denken. Macht ist jedoch qua Definition ein geschlechtsneutraler Begriff und also nicht männlich. Macht wirkt sich in unterschiedlichen Kontexten aus, sowohl in beruflichen als auch in privaten Bereichen. Da Führungspositionen immer mit Macht verbunden sind, ist es wichtig, sich mit diesem Phänomen auseinander zu setzen. Eine positive und bejahende Einstellung zur Macht gehört zu den Erfolgsfaktoren auf dem Weg in die Führungsetagen.

Ruth Hueske, zur Zeit des Interviews Head of Corporate Development bei der DeTeImmobilien, antwortet auf die gleiche Frage zunächst, dass ihr dazu nichts Positives einfalle. Sie meint, dass der Begriff »Macht« auf den ersten Blick negativ besetzt sei, weil Macht oft missbraucht werde. Bei diesem Begriff denke man auch an autoritäres Führen, was oft nicht zu dem Führungsstil von Frauen passe. Dennoch habe sie Macht und bejahe das auch, weil es darauf ankomme, wie man Macht ausübe und wofür (sprich für das Unternehmen). Auch Anne-Kathrin Deutrich, Vorstandssprecherin bei der Sick AG, bejaht Macht und vermutet, Frauen schienen sich davor zu fürchten, weil sie immer gleich an Macht-Missbrauch dächten. Frauen seien auch gerne »Everybody's Darling«. Dies sei aber mit einer Führungsposition nicht kompatibel.

Etwas anders sieht Ulrike Corves, Manager Controlling Nissan bei Renault Nissan Deutschland, das Problem. Sie sagt: »Frauen versuchen, Macht nicht so offen zur Schau zu stellen, damit sie selbst nicht als ›Macht- oder Karriere-Zicke‹ angesehen werden.« Auch Martina Judmann, Quality Direktor bei der Continental AG, meint, dass Frauen nach außen hin mit Macht diplomatischer umgingen, sie nicht offen aussprächen, trotzdem jedoch ausnutzten.

Frauen in Führungspositionen haben, insgesamt betrachtet, eine karriereförderlichere Einstellung zur Macht als Frauen der Mitarbeiterebene (siehe Tabelle 38). Bedeutend mehr Führungskräfte sagen, dass sie gerne Macht hätten, diese bejahen und in Anspruch nehmen würden. Sie berichten, sie hätten ein »aufgeräumtes« bzw. »gesundes« Verhältnis zur Macht und hätten diesbezüglich einen Lernprozess durchlaufen.

Etwa jede fünfte weibliche Führungskraft nannte unter anderem als motivierenden Faktor zum Erreichen einer Führungsposition, »dann

Macht zu haben«. Auch Dr. Daniela Prinz, leitende Angestellte bei der Cognis GmbH, hält es für ganz wichtig, Macht zu übernehmen. Denn man brauche diese, wenn man etwas verändern wolle. Dann sei entscheidend, wie man diese ausübe.

Dennoch äußern viele weibliche Führungskräfte auch, es sei nicht ihr Ziel, Macht zu haben. Sie sagen, dass sie eher partnerschaftlich und durch Überzeugen führen wollten, dass der Begriff »Macht« Ihnen unattraktiv erscheine. Sie sprächen lieber von Einfluss, Verantwortung und Führung, außerdem seien sie nicht so machtbesessen wie Männer. Eine Managerin bei der Deutschen Post World Net, meint, dass Männer Macht mehr anstreben würden, Frauen im Unterschied dazu teamorientierter seien. Machtspielchen nach dem Motto – wer fährt welches Auto – würden Frauen gar nicht mitspielen. Auch Dr. Susanne Günther und Jochen Gerstenmaier (2005), Professor für Pädagogische Psychologie an der Ludwig-Maximilians-Universität München, nennen als ein Ergebnis ihrer Untersuchung, dass fehlendes Machtbewusstsein für Frauen in Organisationen das größte Hindernis bei der Überwindung der »gläsernen Decke« sei. Jutta Wenzl, HR Director bei der Cognis GmbH, berichtet:»Frauen müssen es tendenziell lernen, Macht zu übernehmen, und sie müssen sich dazu überwinden. Für Männer ist es selbstverständlich, Macht zu beanspruchen, Frauen sind da bescheidener.«

Weibliche Führungskräfte sind zum Teil machtorientierter als Mitarbeiterinnen. Interessant ist, dieses Ergebnis im Zusammenhang mit der beschriebenen Dominanzhierarchie und Geltungshierarchie (Bischof-Köhler 1993) zu betrachten. Denn um eine Dominanzhierarchie – eine stabile Rangordnung innerhalb einer Gruppe – zu erlangen, ist Machtausübung der Führungskraft nötig. Dies ist die männliche Strategie des Konkurrenzverhaltens, das sich vor allem durch Imponieren und Einschüchtern zeigt. Die weibliche Strategie des Konkurrenzverhaltens zielt auf eine eher egalitäre Sozialstruktur; sie bildet keine stabilen zeitüberdauernden Rangstrukturen aus. Viele Frauen in Führungspositionen haben jedoch gelernt, in den männlich dominierten Sozialstrukturen ihre Position zu erringen und zu behaupten. Der Sonderstatus »Frau« (»Token Woman«) erleichtert dies bisweilen sogar, da die Konkurrenz unter den Männern härter ausgetragen wird und die Frauen dabei außen vor bleiben (siehe Tabelle 35).

Das geringere Machtstreben der Frauen im Vergleich zu Männern kann durchaus ein Faktor sein, der sie zu guten Führungskräften in Bezug auf die Zusammenarbeit mit ihrem Team bzw. ihrer Abteilung macht. Auch

Sonja Bischoff (2005) berichtet, dass MitarbeiterInnen, die die Zusammenarbeit mit einer weiblichen Führungskraft für besser halten als die mit einer männlichen, dies mit deren Verzicht auf Machtstreben begründen. Weitere Begründungen sind: Einfühlungsvermögen, Verständnis, soziale Kompetenz, Kooperationsfähigkeit, Kompromissbereitschaft, Korrektheit, Ehrlichkeit, Zuverlässigkeit und Loyalität.

Das weniger machtbewusste Denken und das daraus resultierende Verhalten sind jedoch nicht karriereförderlich, weder beim Aufstiegs»spiel« noch beim Aufrechterhalten der Position innerhalb des »politischen« Gefüges in einem Großunternehmen. Dies ist sicherlich auch ein Grund dafür, dass z. Z. (Frühjahr 2008) nur eine Frau dem Vorstand eines DAX-Unternehmens in Deutschland angehört und dass Geschäftsführerinnen eher im mittelständischen Bereich zu finden sind.

Ein weiterer Aspekt in diesem Zusammenhang ist, dass Frauen bei ihrer Arbeit eher inhaltlich orientiert und Männer eher positionsorientiert sind, meint Doris Krüger, Vice President Corporate Initiative ›Upgrade to Industry Leadership‹ bei der Deutschen Lufthansa AG. Männer werden in unserer Gesellschaft daran gemessen, ob sie Karriere machen, für Frauen gilt dieser Maßstab nicht. Die hierarchische Position und die Macht hängen unweigerlich zusammen. Auch Jutta Bub, Director Purchasing & Real Estate bei Lufthansa Systems, meint, Frauen wollten Macht haben, um machen zu können, nicht um ihre Position nach außen dokumentieren zu können.

Frau und Netzwerk

»Beziehungen sind dann schädlich, wenn man sie nicht hat!« formuliert Gerda Peter, Prokuristin bei der DKB Wohnungsbau und Stadtentwicklung GmbH, sehr zutreffend. Neudeutsch spricht man weniger von Beziehungen als von Netzwerken bzw. von Networking. Allgemein gilt, dass Frauen gar nicht oder nach Sympathie »netzwerken«. Wenn sie »netzwerken«, dann häufig mit hierarchisch niedrig gestellten Personen. In den letzten Jahren lässt sich jedoch ein starker Trend feststellen, Netzwerke aufzubauen. Auch Gabriele Hantschel, Service Managerin bei der SoftwareGroup der IBM Deutschland GmbH, betont, wie wichtig das Netzwerken in Management Kreisen und auch branchenübergreifend ist. Sie selbst war von 2003 – 2005 internationale Präsidentin des EWMD Netzwerks (European Women Management Development), jetzt ist sie Vorstandsvorsitzende der Helga Stödter-Stiftung – Frauen für Führungspositionen. Viele Managerinnen haben meistens ein besser funktionierendes Netzwerk als Mitarbeiterinnen (siehe Tabelle 37). In meiner Stichprobe sind ausschließlich Führungskräfte in institutionalisierten Netzwerken (Managerinnen-Stammtisch innerhalb und außerhalb der Firma), aber keine Mitarbeiterinnen. Die Führungskräfte sagen zudem, dass Frauen die Bedeutung von Netzwerken unterschätzen würden, dass sie deren Chancen noch nicht erkannt hätten, dass sie die Netzwerke nicht nutzten oder nur nach Sympathie »netzwerken«. Das heißt aber: Es kommt nicht nur darauf an, überhaupt ein Netzwerk zu haben, sondern auch darauf, ob das karriereförderlich ist. Viele Mitarbeiterinnen pflegen ihr Netzwerk meist innerhalb der Firma, dessen Karriereförderlichkeit ist jedoch zu hinterfragen. Schon Herminia Ibarra (1992), Professorin an der französischen Business-School Insead, zeigte, dass Frauen sich eher Bündnispartner in statusniedrigeren Positionen suchen, während Männer statushohe Kontaktpersonen vorziehen, unter anderem um ihre eigene Position zu verbessern.

Viele Mitarbeiterinnen gaben an, dass Frauen (insgesamt) ihre Netzwerke besser pflegen würden, und sie dies als ein Mittel für beruflichen Erfolg erkannt hätten. So kann man feststellen, dass das »Old Boys Network« zwar nach wie vor seine Bedeutung und Relevanz hat. Und einige Managerinnen sprechen sich immer noch explizit gegen das »Netzwerken« aus und wollen nach wie vor allein durch die Qualität eigener Arbeit überzeugen. Aufs Ganze gesehen aber holen Frauen in diesem Punkt zu den Männern auf, indem sie Frauen-Netzwerke und Mentor-Mentee-Beziehungen bilden und pflegen. Das Miteinander unter den Frauen hat sich also verändert. Frauen haben erkannt, dass es sinnvoller und vorteilhafter ist, sich gegenseitig zu stützen und miteinander zu arbeiten als gegeneinander zu konkurrieren oder neidvoll zu agieren. Diese Entwicklung hängt möglicherweise auch mit der größer gewordenen Unabhängigkeit der Frau vom Mann zusammen. Der soziale Status einer Frau hängt nicht mehr ausschließlich von dem ihres Mannes ab.

So berichtet Dr. Daniela Prinz, leitende Angestellte bei der Cognis GmbH, beispielsweise, dass die Solidarität der Männer untereinander die Frauen ausgrenze. Die »gläserne Decke« sei von Männern gemacht. Die Konkurrenz der Männer untereinander sei anders als die Konkurrenz der Männer mit Frauen. Männer hätten mehr Angst vor Frauen, weil diese gut ausgebildet und intelligent seien, und weil sie mit Emotionen anders umgehen würden. Der Kampf der Männer untereinander werde eben mit gleichen Waffen ausgetragen, während der Kampf gegen Frauen eine andere Qualität habe und für Männer »nebulöser« sei. Die Netzwerke unter Männern hätten eine eigene Qualität.

Dr. Daniela Prinz spricht sogar von einem »Frauen-gehören-hier-nicht-rein-Gefühl«, wenn sie als einzige Frau in Meetings sitzt, in denen sie sich oft nicht angehört und auch nicht verstanden fühlt. Deshalb möchte sie einen Gegenpol bilden. Sie baut ein Frauen-Netzwerk auf, macht es den Männern also in diesem Punkt quasi nach. Von einigen weiblichen Führungskräften wurde jedoch auch vor »Frauen-Jammer-Netzwerken« gewarnt. So hat Dr. Christine Bortenlänger, Vorstand der Bayerische Börse AG, diverse Netzwerke, auch außerhalb der Börse, aber kein Frauen-Netzwerk.

Auch in meiner Untersuchung konnten keine Hinweise auf das empirisch nicht belegbare »Bienenkönigin-Syndrom« (Friedel-Howe 2003) gefunden werden. Das Bienenkönigin-Syndrom besagt, dass erfolgreiche Frauen ihren herausgehobenen Status genießen und dass sie andere Frauen nicht nur nicht fördern, sondern diese sogar behindern (Bernardoni/Werner 1987).

Frau und Selbstbewusstsein

Der Zusammenhang zwischen Selbstwertgefühl und der Wahl des Selbstdarstellungsstils wurde oben bereits beschrieben. Viele Frauen favorisieren den Selbstdarstellungsstil »Ich helfe gern«. Hilfsbereitschaft und Altruismus werden gezeigt mit dem Ziel, gemocht zu werden. Mit diesem Stil der Selbstdarstellung sichern sich Frauen jedoch »nur« Sympathie, aber keine Bewunderung für herausragende Fähigkeiten. Dieser Stil geht einher mit einem geringen Selbstwertgefühl und ebnet nicht den Weg in die Führungsetagen. In den Interviews wurde oft geäußert, dass viele Frauen sich klein machen und oft das eigene Licht unter den Scheffel stellen. Teilweise ist das jedoch auch eine Frage der Generation. Ältere Frauen sind davon eher betroffen als jüngere. Jüngere Frauen (um die 30 Jahre alt) sind heutzutage in Ihrem Auftreten meist selbstbewusster und forscher.

Hedda Schulz, Leiterin Service Center Personalbetreuung bei den Optischen Werken G. Rodenstock GmbH, sieht das Thema »Selbstbewusstsein« etwas anders. Ihrer Meinung nach unterstellt man nur immer den Frauen ein geringeres Selbstbewusstsein. Aber die Männer, so meint sie, seien nur mehr von sich eingenommen. Sie stünden quasi oben auf dem Misthaufen und krähten. Dieses Verhalten setze man mit Selbstbewusstsein gleich. Frauen würden sich realistischer einschätzen und ihre Grenzen eher erkennen als Männer. Bei Bedarf holten sich Frauen beispielsweise bei einem Projekt eher Hilfe, wohingegen Männer das Projekt lieber »in den Graben führten«, als sich was zu vergeben und Hilfe zu holen.

Gleichberechtigung und Gleichbehandlung als selbstverständlich zu nehmen ist ebenso ein Erfolgsfaktor auf den Weg in die Führungsetagen. Ein Anderer hat dann Schwierigkeiten, dies nicht auch als selbstverständlich zu empfinden. Dr. Katja Nagel, zum Zeitpunkt des Interviews Vice President Corporate Development & Communication bei O2, inzwischen Geschäftsführerin und Gründerin von Cetacea GmbH, hält es für wichtig, nicht über Frauenrechte zu diskutieren, sondern sie als selbstverständlich zu nehmen und Aufgabenstellungen aktiv zu ergreifen. Sie selbst hatte immer ein Vorbild in ihrer eigenen Mutter, die auch berufstätig war.

Beim Thema Selbstbewusstsein spielt vielleicht auch die Überzeugung, besser als Männer sein zu müssen, eine Rolle. Frauen bremsen sich oftmals selber aus, weil sie nach eigenem Maßstab erst dann Anspruch auf die Führungsposition haben, wenn sie qualifizierter sind als ihre männlichen Mitbewerber. So lassen sie dann Männern den Vortritt, wenn sie selbst nur gleich gut sind. Hilfreich wäre es deshalb, sich von dieser Überzeugung bzw. von diesem »Glaubenssatz« zu verabschieden.

Mangelndes Selbstbewusstsein ist übrigens häufig auch ein Thema bei Männern. In Kommunikationsseminaren, bei denen es darum geht, wie man mit anderen kommuniziert, gelangt man schnell zu der Frage, wie man mit anderen umgeht, und dann letztendlich zu der Frage, wie man mit sich selbst umgeht. In solchen Seminaren kann man immer wieder feststellen, dass bei sehr vielen Menschen das Selbstbewusstsein nicht sehr stark ausgebildet ist. Dennoch neigen viele Männer zu einem anderen Stil der Selbstdarstellung als Frauen. So sieht das auch Stephanie Winkelmann, Leiterin Personal- und Sozialwesen bei der Lufthansa City Line GmbH. Ihrer Meinung nach treten Männer meist selbstbewusster auf als Frauen. Auch wenn sie wenige Kenntnisse bzw. Erfahrungen hätten, gingen sie sehr häufig an die Aufgabenstellung mit der Bereitschaft und Einstellung, sich zügig gut einzuarbeiten. Frauen hingegen hätten trotz vorhandener Kompetenz häufig Sorge, sich die Aufgabenstellung zu zutrauen.

Das Selbstbewusstsein zu stärken, war zum Beispiel auch das Thema einer im Interview befragten weiblichen Führungskraft. Zu Beginn ihrer Führungstätigkeit hatte sie dieses Thema mit einem Coach bearbeitet. Anne-Kathrin Deutrich, Vorstandssprecherin bei der Sick AG, meint auch, dass das Selbstbewusstsein bei Frauen stärker ausgebildet sein müsste. Männer setzten sich Ziele, Frauen warteten, bis sie gefragt würden oder die Aufgabe perfekt beherrschten. Obwohl sie selbst selbstbewusst sei, gibt sie zu, dass sie mit dem nächsten Schritt in ihrer beruflichen Karriere auch immer gewartet habe, bis sie glaubte, den Anforderungen voll zu entsprechen.

Frau und Eigenmarketing

Frauen in Führungspositionen haben ein besseres Eigenmarketing; das heißt, sie präsentieren sich und ihre Leistungen offensiver als Frauen auf Mitarbeiterebene (siehe Tabelle 42). Bedeutend mehr Führungskräfte als Mitarbeiterinnen machen bewusst Eigenmarketing. Für viele war dies ein Lernprozess, der über Jahre stattgefunden hat. Andere gaben an, diesen Lernprozess noch zu vollziehen, diese Schwäche aber erkannt zu haben und sich da verbessern zu wollen.

Andererseits gibt circa ein Drittel der weiblichen Führungskräfte an, da Defizite zu haben und lieber durch Qualität und Einsatzbereitschaft in ihrer Arbeit zu überzeugen, Eigenmarketing sogar als peinlich zu empfinden. Mehr Mitarbeiterinnen als Führungskräfte reagieren auf »Selbstdarsteller« negativ. Fast die Hälfte der Befragten insgesamt aber gibt an, dass Frauen zu wenig Eigenmarketing betreiben, und sie empfindet gleichzeitig Eigenmarketing als außerordentlich wichtig. Julia Merkel, zur Zeit des Interviews Geschäftsführerin Personal und Administration bei OBI Bau- und Heimwerkermärkte GmbH & Co. Franchise Center KG, hat häufig beobachtet, dass viele Frauen intensiv an ihren Arbeitsthemen arbeiteten, bescheiden seien, und im Vergleich zu eher karriereorientierten männlichen Kollegen weniger Zeit für Eigenmarketing investierten. Doris Krüger, Vice President Corporate Initiative ›Upgrade to Industry Leadership‹ bei der Deutschen

Lufthansa AG, hält Frauen nicht nur für zurückhaltender in Bezug auf Eigenmarketing, sondern auch als vielfach zu ehrlich.

So sind die Frauen im Wesentlichen in zwei Gruppen aufgeteilt: Frauen, die Eigenmarketing für wichtig halten, entweder daran gearbeitet haben oder noch daran arbeiten und Frauen, die dies ablehnen. Im Aufstiegs»spiel« kommt dem Eigenmarketing jedoch eine wichtige Rolle zu, und weibliche Führungskräfte betreiben Eigenmarketing bewusst und häufiger als Mitarbeiterinnen.

Eigenmarketing hängt mit Selbstwertgefühl und Konkurrenzverhalten zusammen. Dr. Astrid Schütz (1997), die zwischen den Selbstdarstellungsstilen »schaut, was ich kann« und »ich helfe gern« unterscheidet, weist darauf hin, dass die Darstellung der eigenen Kompetenzen, also des »Fähigkeitsselbst« riskant ist. Denn man macht sich damit u. U. unbeliebt und fordert Kritik und Konkurrenz geradezu heraus. Frauen vermeiden Konkurrenzverhalten (Bischof-Köhler 1993; Niederle/Vesterlund 2005); sie stellen ihr »soziales Selbst«, also ihre Hilfsbereitschaft und ihren Altruismus vor anderen dar mit dem Ziel, gemocht zu werden. Das passt zu der oben beschriebenen Erkenntnis, dass Frauen »nach Sympathie netzwerken«, die »Wohlfühlecke« suchen und nicht genug auf Karriereförderlichkeit achten.

In den Interviews wiesen vor allem weibliche Führungskräfte darauf hin, dass Männer »sich selbst besser verkaufen« könnten, dass sie bewusster Eigenmarketing betrieben und sich von klein auf als »grandios« darstellten. Diese Aussagen stimmen mit den Ausführungen von Doris Bischof-Köhler (1993) überein, die Imponiergehabe zur Herstellung der männlichen Dominanzhierarchie beschrieben hat.

Was die Kleidung betrifft, die auch zum Eigenmarketing gehört, sieht man deutlich, dass v. a. Frauen auf Mitarbeiterebene noch einen großen Nachholbedarf haben. Erheblich mehr Führungsfrauen kleiden sich »businesslike«. Im Unterschied zu den Männern genießen sie gleichzeitig die Freiheit, einen eigenen Stil pflegen zu können. Bedeutend mehr Mitarbeiterinnen ist die Kleidung unwichtig bzw. sie glauben, es genüge, schick und modisch gekleidet zu sein. Vor allem im Sommer, wenn es warm ist, zeigen einige Frauen viel »nackte Haut«. Ebenso verwundert das Schuhwerk, mit dem man – auch in übertragener Hinsicht – weder vorwärts kommen noch Standfestigkeit haben kann. In diesem Zusammenhang gilt folgender amerikanischer Ausspruch: »Don't dress for the job you have, but for the job you want.«

Frau und Selbstkritik

Die Befragung ergab, dass Frauen allgemein als zu selbstkritisch gesehen werden. Auch Gabriele Hantschel, Service Managerin bei SoftwareGroup der IBM Deutschland GmbH, vertritt die Ansicht: Wenn Frauen einen Job zu 80 Prozent ausfüllen könnten, nähmen sie ihn nicht an. Aber wenn Männer einen Job zu nur 50 Prozent ausfüllen könnten, nähmen sie ihn an. Es liegt auf der Hand, welche Auswirkungen das selbstkritische Verhalten der Frauen auf ihre Karriereentwicklung hat.

Interessant ist, dass Frauen in Führungspositionen genauso selbstkritisch sind wie Frauen auf Mitarbeiterebene (siehe Tabelle 44). Dieses Ergebnis entsprach nicht meiner Erwartung. Diese war, dass Frauen in Führungspositionen weniger selbstkritisch seien, was Ihnen helfen würde, sich »forscher«, das heißt weniger vorsichtig und weniger zögerlich im beruflichen Alltag zu verhalten. Der Begriff »Selbstkritik« hängt hier zusammen mit den Begriffen »Eigeninitiative«, »Misserfolgstoleranz«, »Eigenmarketing« und sogar »Macht«. So lag die Vermutung nahe, dass die Führungsfrauen weniger selbstkritisch seien und Karrierechancen somit leichter ergreifen würden. Sie müssten sich zum Beispiel nicht zur Beförderung überreden lassen. Ebenso bestand die Vermutung, dass sie sich bei Misserfolgen nicht die Schuld gäben, ungeniert Eigenmarketing betreiben würden und weniger Probleme bei der Ausübung von Macht hätten.

Aber die Wirklichkeit ist dem eher entgegengesetzt. Weibliche Führungskräfte hinterfragen ihr eigenes Verhalten viel häufiger als Mitarbeiterinnen. Vergangene Situationen lassen sie Revue passieren und suchen nach Möglichkeiten der Verbesserung. Auch Jutta Wenzl, HR Director bei der Cognis GmbH, sagt von sich, dass sie einen sehr hohen Anspruch an sich selbst habe, dass sie perfektionistisch sei und dass Pflichterfüllung für sie an oberster Stelle stehe.

Interessant ist, dass viele Befragte insgesamt – und Mitarbeiterinnen viel häufiger – Selbstkritik als positiv sehen, da diese die eigene Entwicklung voranbringe. Der karrierehinderliche Aspekt von überzogener Selbstkritik wird vor allem von den Mitarbeiterinnen nicht gesehen. Auch wenn Frauen in Führungspositionen die »Spielregeln« im Business mehr durchschaut haben und sich entsprechend verhalten, also zum Beispiel Eigenmarketing betreiben und Netzwerke pflegen, so betrifft dies nicht diesen sehr persönlichen Aspekt der Selbstkritik. Das hängt sicherlich mit dem hohen Anspruch zusammen, der – von anderen und von ihnen selbst – an sie gestellt wird.

Diese weit verbreitete Ansicht, dass Frauen besser sein müssen als Männer, um das Gleiche zu erreichen, teilt Renate Bloß-Barkowski, Mitglied des Vorstands bei der SEB AG, nicht. Ihr seien Frau/Mann-Probleme nie bewusst geworden. Sie hätte nie das Gefühl gehabt, dass sie als Frau schlechter behandelt worden sei. Ihrer Erfahrung nach sei immer der geeignetere Mitarbeiter weitergekommen. Auch Gabriele Preu, Director Material Engineering bei der EPCOS AG, berichtet, dass Frauen zur Perfektion neigten und meinten, mehr als Männer leisten zu müssen. Aber das stimme nicht. Regine Pohl, Director Handhelds & Mobility Hewlett Packard EMEA, sieht es für wichtig an, dass Frauen nicht perfektionistisch und verbissen im Beruf agieren sollten; sie sollten »relaxed« bleiben.

Frau und Misserfolg

Frauen in Führungspositionen haben eine größere Misserfolgstoleranz als Mitarbeiterinnen (siehe Tabelle 43). Erheblich mehr weibliche Führungskräfte als Mitarbeiterinnen bezeichnen sich als »Stehaufmännchen«. Sie betrachten Misserfolge als üblich und als etwas Normales. Zwar ärgern sie sich, aber sie motivieren sich selbst neu und arbeiten weiter. So bezeichnet sich auch Dr. Christine Bortenländer, Vorstand der Bayerische Börse AG, als »Stehaufmännchen«. Sie lernt aus Fehlern und meint, dass Frauen im Allgemeinen Kritik zu persönlich nähmen. Dr. Ruth Kappel, Director Corporate Communication bei der Celesio AG, spricht lieber von Umwegen als von Misserfolg. Um ans Ziel zu kommen, müsse man dann eben seinen Weg ändern.

Viele der Befragten sehen aber den Umgang mit Misserfolg bei anderen Frauen (auf Mitarbeiterebene) prinzipiell anders. Sie äußerten, Frauen täten sich schwer mit Misserfolgen; sie hätten Selbstzweifel, bezögen den Misserfolg auf sich selbst und schrieben ihn sich persönlich zu. Manche beschrieben auch, dass Frauen darunter mehr leiden würden als Männer. Sie würden mehr analysieren, sich mehr herunterziehen lassen bis hin zur Selbstanklage. Männer hätten eher die Einstellung: Es ist passiert (»shit happens«) – und jetzt das Nächste!

Die weiblichen Führungskräfte und die Mitarbeiterinnen unterscheiden sich also voneinander hinsichtlich des Verarbeitens von Misserfolgen. Die Ergebnisse der Attributionsforschung (Ursachenzuschreibung) sind somit nicht durchgängig geltend für die Gruppe der Frauen. Nach Christof Baitsch (2004) schreiben Frauen nämlich die Misserfolge ihrer eigenen Person zu (»zu wenig Befähigung«, »zu wenig Ehrgeiz« und ähnliches) und berücksichtigen nicht die vielen anderen Faktoren dafür. Der wesentliche Faktor für die Selbstattribution von Kompetenz ist jedoch die gesellschaftliche Rolle bzw. der Status und nicht das Geschlecht. Sinnvoller erscheint also die Einteilung der Personen in Führungskräfte und Mitarbeiter als in Männer und Frauen. Somit bestätigt meine Untersuchung die Ergebnisse und Ausführungen von Dorothee Alfermann (1993, siehe oben: Leistungsverhalten), die bei der Attributionsforschung die Verhaltensunterschiede der Geschlechter auf Status- und Rollenunterschiede zurückgeführt hatte. Da der überwiegende Teil der Gruppe »Frauen« bisher nicht in Führungspositionen tätig war, erschien die bisherige Argumentation in der Attributionsforschung durchaus als schlüssig.

Das Miteinander und das Gegeneinander in den Unternehmen

»Du musst genau das machen, wovon du glaubst:
Das kann man nicht machen.«
Eleanor Roosevelt

Das Miteinander in Unternehmen kann durchaus auch zum Gegeneinander werden. Zum Überfluss stört dann manchmal auch noch der Kunde das ganze Treiben. Im Vorwort des Buches von Barbara Bierach (2003: 10) »Das herrschende Geschlecht. Warum Bosse zu Barbaren werden« beschreibt Reinhard Sprenger das Treiben in Unternehmen so:

»Wer sich grandios inszeniert (L'état, c'est moi!), hat kein Interesse an unangenehmen Wahrheiten. Der Überbringer schlechter Nachrichten wird zwar nicht mehr geköpft, aber er gilt einem autokratischen Chef schnell als Teil des Problems. Die Folgen sind für das Untenehmen katastrophal: Leistung wird durch Loyalität ersetzt; konstruktive Nichtkonformität ist Selbstmord. Es wird nur noch taktisch kommuniziert. Man fragt nicht mehr »Was muss er wissen?«, sondern »Was will er hören?«. Massive Wirklichkeitsausblendungen sind die Folge. Die tiefe Vorliebe für Jasager (bei gleichzeitiger Behauptung des Gegenteils) korrespondiert mit Unersetzlichkeitsfantasien sowie der Unfähigkeit, abzutreten und sich rechtzeitig starke Nachfolger aufzubauen.

Eitle Manager sind zudem in der Regel Selbstoptimierer, keine Fremdoptimierer. Wenn Führung heißt, die Leistung anderer zu fördern, dann sind sie zur Mitarbeiterführung ungeeignet. Schlimmer noch: Sie erzeugen mit mechanischer Konsequenz Widerstand. Je autoritärer ein Ego Regie führt, desto intensiver wird das Ego-System des Mitarbeiters aktiviert. Das Ergebnis sind Machtkämpfe, Reibungsverluste und innere Kündigungen.«

Weiterhin stellt Reinhard Sprenger (in Bierach 2003: 11) das Verfolgen von Karrieren in Frage:

»Auch beim Windhundrennen jagen die edlen Tiere einem fiktiven Hasen hinterher. Diese Rennen finden auf einer Bahn statt, deren Namen dem Französischen entlehnt ist: carrière.«

So betrachtet, sind Frauen, die nicht Karriere machen, gar nicht so dumm. Sie rennen nicht einer fiktiven Chance hinterher. Aber wie sieht denn nun eigentlich das Leistungs- bzw. das Arbeitsverhalten von Frauen und Männern aus?

Leistungsverhalten: »die fleißige Liese und der kluge Hans«

Das unterschiedliche Arbeitsverhalten von Männern und Frauen wird in den Antworten auf die Frage: »Warum sind so wenige Frauen in Führungsfunktionen?« beschrieben (siehe Tabelle 33). Die Befragten äußerten, dass für Frauen in erster Linie der Inhalt der Arbeit wichtig sei, nicht Einfluss oder Macht. Männer hätten schon die nächst höherer Stelle im Auge, während Frauen noch mitten in der Arbeit seien. So sagt man, dass Frauen, beim Antritt einer neue Stelle sich die Frage stellten: »Was kann ich hier tun?« – während Männer in gleicher Situation sich die Frage stellten: »Was kann ich hier werden?« Frauen glaubten auch von sich selbst, mehr leisten zu müssen; sie wollten durch Qualität überzeugen und unterschätzten die Bedeutung von Netzwerken. Dies könnte man als das Phänomen »die fleißige Liese und der kluge Hans« bezeichnen. Die Frauen arbeiten dabei fleißig vor sich hin, während die Männer sich um ihre Karriere – mit entsprechend firmenpolitisch klugem Verhalten – kümmern. Ursprünglich hatte Dorothee Alfermann (1993) diesen Ausdruck als Bezeichnung für die unterschiedliche Attribution für Erfolg geprägt, der sich bei Männern aufgrund von Kompetenz und bei Frauen aufgrund von Anstrengung einstelle. Sie weist jedoch bereits selbst darauf hin, dass das Leistungsverhalten bei Frauen auf intrinsische Motivation und bei Männern auf extrinsische Motivation zurückzuführen sein kann (siehe oben: Leistungsverhalten).

Diese unterschiedlich bedingten Motivationen beruhen auf den unterschiedlichen gesellschaftlichen Rollen und den verschiedenen Erwartungen an Männer und Frauen. Männer sollen die Funktion des Ernährers übernehmen und Karriere machen. Frauen haben die Freiheit, dies nicht zu tun. Vor allem von Frauen mit (kleinen) Kindern wird nicht mehr erwartet, dass sie Karriere machen. Dies spiegelt sich auch in den Antworten auf die Frage: »Was motiviert Sie, Ihre Funktion auszuüben?« (siehe Tabelle 30). Einige Antworten lauten: Spaß an den Inhalten, interessante Aufgaben, Herausforderung und die Berufsarbeit als Gegenpart zur Kindererziehung. Bei den Antworten zu den Themen »Frauen und Netzwerk« (siehe Tabelle

37) sowie »Frauen und Eigenmarketing« (siehe Tabelle 42) finden sich ebenso die Beschreibungen des Phänomens »fleißige Liese und kluger Hans«. Frauen »netzwerken« weniger und machen weniger Eigenmarketing als Männer, obwohl das firmenpolitisch ein klügeres Verhalten wäre.

Hinzu kommt, dass qualifizierte Frauen an sich selbst oft einen Anspruch von hohem Niveau haben und sehr selbstkritisch sind (siehe Tabelle 44). Deshalb sind Frauen erst dann bereit, sich befördern zu lassen, wenn sie einen Job perfekt ausüben können. So äußerten in dieser Untersuchung die befragten weiblichen Führungskräfte, dass Männer einen Job übernähmen, den sie zu 80 Prozent ausfüllen könnten, den Rest seien sie bereit zu lernen. Sie äußerten weiterhin, dass Männer einen Job oft annähmen, ohne ihr Können zu hinterfragen, während Frauen dies gar nicht ausprobieren würden und verunsichert seien. Dieses Verhalten wird oft auf mangelndes Selbstbewusstsein zurückgeführt. So überrascht es nicht, dass weibliche Führungskräfte in den Interviews meiner Untersuchung die Empfehlung aussprachen, Mut zu haben, ein Risiko einzugehen, etwas zu wagen und sich zuzutrauen, in eine Führungsrolle »hinein zu wachsen« (siehe Tabelle 31).

Problematisch an der »fleißigen Liese« ist, dass es manchmal gerade wegen der hohen Leistungs- und Arbeitsorientierung zu keiner Beförderung kommt. Der Vorgesetzte hat dann schließlich eine Mitarbeiterin, die den ganzen Laden am Laufen hält, auf die er sich verlassen kann und die keine Ambitionen zeigt. Welcher Chef verzichtet schon gerne auf solche Arbeitsentlastung? Deshalb ist es wichtig für Mitarbeiterinnen, sich einen Förderer oder Mentor auch außerhalb der Abteilung zu suchen.

Konkurrenzverhalten

Ein weiterer entscheidender Grund für den Mangel an Frauen in Führungspositionen ist das unterschiedliche weibliche und männliche Konkurrenzverhalten, das unter anderem evolutionsbiologische Hintergründe hat. Auch entwicklungspsychologische Untersuchungen haben unterschiedliche männliche und weibliche Strategien des Konkurrenzverhaltens herausgefunden. Bei den Männern spricht man in diesem Zusammenhang von einer Dominanzhierarchie und bei den Frauen von einer Geltungshierarchie.

Viele Antworten in den Interviews beziehen sich auf das, was oben im Abschnitt »Konkurrenzverhalten« ausführlich dargestellt ist. So betonen die Befragten, dass es so wenige Frauen in Führungsfunktionen gäbe (siehe Tabelle 33), weil Frauen andere Prioritäten setzten. Sie hätten mangelndes Selbstvertrauen und Selbstbewusstsein, stellten ihr Licht unter den Scheffel und drängten nicht genug kämpfend in Führung. Frauen könnten sich ohne Gesichtsverlust aus dem Konkurrenzkampf herausziehen, meint auch eine Managerin aus der Produktionsbranche.

Die Dominanzhierarchie bei Männern manifestiert sich im genannten »Old Boys Network«, und sie lässt Männer »Politik- und Macht-gesteuert« handeln (siehe Tabelle 33). Die Geltungshierarchie bei Frauen ist in den Antworten zu »Frauen und Netzwerk« angedeutet (siehe Tabelle 37). Frauen »netzwerkten nach Sympathie«, also nicht strategisch; sie seien häufiger freundschaftlich vernetzt, und ihr Netzwerk sei privater Natur. Als spezielle Problematik der Männer sahen die Befragten (siehe Tabelle 35), dass die Konkurrenz unter Männern sehr viel härter und brutaler sei als die gegenüber Frauen. Männliches Imponiergehabe ist beim Thema »Frauen und Eigenmarketing« (siehe Tabelle 42) beschrieben, mit dem Hinweis, dass Männer bewussteres Eigenmarketing betrieben, sich »grandios« darstellten, von klein an auftrumpften und dabei keine Hemmungen hätten.

Die Befragten empfehlen (siehe Tabelle 31), sich dem Konkurrenzkampf auszusetzen, die Konfliktfähigkeit auszubauen und das Harmoniebedürfnis zu unterdrücken. Ferner empfehlen sie, Entschuldigungsrituale und Rechtfertigungen wegzulassen, da man »es doch nie allen recht machen« könne. Auch Edith Volz-Holterhus, Mitglied des Vorstandes der E.ON Bayern AG, ist der Ansicht, dass einige Frauen ausdrücklich nicht bereit seien, den ganz normalen Konkurrenzkampf durchzustehen, dass sie Rücksichtnahme erwarten und nicht in Führungspositionen wollen.

Ein konkretes Beispiel für mangelndes Durchsetzungsvermögen schilderte eine weibliche Führungskraft in meiner Untersuchung. Sie hatte kampflos ein prestigeträchtiges und wichtiges Projekt an einen ambitionierten Kollegen abgegeben. Solches ist mit Sicherheit kein Einzelfall.

Frauen suchen nicht die Konkurrenz, stattdessen suchen sie die Nähe. Die Kollegin wird so schnell zur guten Freundin. Damit wird jedoch die Arbeitsbeziehung überfrachtet und Fragen und Probleme werden schnell persönlich genommen. So ist es für Frauen schwierig, Konflikte und Konkurrenz nicht persönlich zu nehmen. Männer hingegen nehmen alles sportlich-sachlicher und agieren nach anderen Spielregeln. Nach dem

Kampf gibt es das gemeinsame Bier am Tresen, und die gerade erkämpfte Dominanzhierarchie wird akzeptiert.

Teamorientierung und Soziabilität

Nach den Ergebnissen des BIP-Fragebogens haben die weiblichen Führungskräfte einen bedeutend höheren Wert bei der Persönlichkeitsdimension »Teamorientierung« als die Mitarbeiterinnen. Dies war zunächst nicht zu erwarten. Es lässt Rückschlüsse auf das Führungsverhalten zu und passt gut zu den Ergebnissen von Alice Eagly und Linda Carli (2007). Nach den Ergebnissen ihrer Meta-Analyse von 45 Studien tendieren weibliche Führungskräfte eher zum transformationalen Führungsstil. Dieser ist dadurch gekennzeichnet, dass Führungskräfte zum Vorbild werden, indem sie das Vertrauen ihrer MitarbeiterInnen gewinnen. Sie setzen Ziele, entwickeln Pläne, um diese zu erreichen, und setzen sich für Neuerungen ein. Sie agieren als Mentoren ihrer MitarbeiterInnen und eröffnen diesen neue Handlungsspielräume. Sie motivieren sie, ihr Potenzial voll auszuschöpfen und so wirkungsvolle Beiträge zum Erfolg des Unternehmens zu leisten. Weiter beschreiben Alice Eagly und Linda Carli (2007), dass Männer und Frauen nicht nur einen unterschiedlichen, sondern auch ein unterschiedlich wirkungsvollen Führungsstil praktizierten. Der Stil der Frauen sei im Allgemeinen wirkungsvoller. Er setze in der Regel stärker auf Partizipation und Zusammenarbeit.

Überraschend ist auch, dass die weiblichen Führungskräfte bei der BIP-Persönlichkeitsdimension »Soziabilität« keinen niedrigeren Wert als die Mitarbeiterinnen haben. Beide Gruppen liegen im mittleren Bereich der möglichen Ausprägungsskala. Soziabilität ist im BIP-Persönlichkeitsfragebogen definiert als ausgeprägte Präferenz für Sozialverhalten, welches von Freundlichkeit und Rücksichtnahme geprägt ist. Weiterhin ist Soziabilität definiert als Großzügigkeit in Bezug auf Schwächen der Interaktionspartner sowie als ausgeprägter Wunsch nach einem harmonischen Miteinander. Ursprünglich hatte ich erwartet, dass die weiblichen Führungskräfte hier einen geringeren Wert als die Mitarbeiterinnen aufweisen würden, weil Ihnen eben das harmonische Miteinander weniger wichtig sei. Aber das tatsächliche Ergebnis der Studie passt gut zu dem höheren Wert bei der Per-

sönlichkeitseigenschaft »Teamorientierung« und zu den Ausführungen bezüglich des transformationalen Führungsstils.

Geschlechtsstereotype und gesellschaftliche Rollen

Die Ergebnisse meiner Untersuchung heben vor allem die Wirkung der
klassischen Klischees in Bezug auf die übliche Rollenverteilung hervor
(siehe Tabelle 33). So antworteten viele Befragte, es gäbe so wenige Frauen
in Führungspositionen, weil es gesellschaftlich begründet sei, dass Mütter
in Deutschland zu Hause bei den Kindern blieben. Im Beruf arbeitende
Mütter würden kritisch beäugt und sogar als »Rabenmütter« bezeichnet
(ein deutscher Begriff!). Anders sähe es in Frankreich und in den skandinavischen Ländern aus. Bei uns hingegen hätten Männer die Ernährerrolle
inne, und sie könnten sich dieser nur schwer entziehen (siehe Tabelle 33).
Auch Maud Pagel, zum Zeitpunkt des Interviews Vice President und Diversity Leiterin im Konzern Deutsche Telekom, sieht die Stereotype und
die Vorurteile der Gesellschaft als ein deutsches Problem. Frauen mit Kindern, die im Beruf arbeiten wollen, werden als »Rabenmütter« bezeichnet,
und Männer, die in Teilzeit arbeiten wollen, um sich um Kinder kümmern
zu können, als »Schwächlinge« abgestempelt.

Auch die Antworten zur spezifischen Problematik von Frauen in Führungspositionen (siehe Tabelle 34) bestätigen die Wirksamkeit der Stereotype. Diese Frauen müssen aufgrund ihres Geschlechts mit Akzeptanz-
und Autoritätsproblemen rechnen. Sie sind ungewohnt in der Rolle als
Führungskraft und Exoten im »Old Boys Network«. Männer seien im Vergleich zu Frauen die akzeptierteren Geschäftspartner, meint auch eine Managerin in der Automobilbranche. Frauen müssten erst beweisen, was bei
Männern von vorneherein unterstellt werde. Wenn eine weibliche Führungskraft mit zwei männlichen Mitarbeitern zu einer Geschäftsbespre-
chung erscheine, werde sie zunächst als Mitarbeiterin angesehen. Deshalb
empfiehlt Dr. Annliese Wilsch-Irrgang, Director bei der Henkel KGaA,
man solle als Frau nicht empfindlich sein und männliche Chauvi-Sprüche
nicht ernst nehmen. Männer meinten diese gar nicht so ernst, sie seien
trotzdem nette Kerle. Frauen sollten einfach sie selber sein, Position beziehen und sich deutlich äußern, wenn ihnen etwas gegen den Strich gehe.

So kämpft also jede Frau in einer Führungsposition mit dem Vorurteil, dass die früher geschlechtstypische Rolle von Männern heute von ihr erwartet wird. Was heißt also »Frau sein« in einem Unternehmen?

Frau sein im Unternehmen

Das weibliche Rollenstereotyp und das Führungsstereotyp widersprechen sich. Beides gleichzeitig zu erfüllen, ist sehr schwierig. So stehen Frauen immer in dem Dilemma, im Auge des Betrachters entweder keine richtige Frau oder keine richtige Führungskraft zu sein. Dieses Dilemma lässt sich nur schwer auflösen.

Jutta Bub, Director Purchasing & Real Estate bei Lufthansa Systems, berichtete im Interview, dass ihr als Frau weder Härte noch Geradlinigkeit so schnell »verziehen« würden. Als Beispiel führte sie an: »Wenn ein Mann Forderungen in kurzen Sätzen deutlich formuliert, wird das als Durchsetzungsstärke interpretiert. Wenn eine Frau genauso auftritt, heißt es, dass sie ›Haare auf den Zähnen‹ habe bzw. ›bissig‹ sei.«

Für Dr. Christine Bortenländer, Vorstand der Bayerische Börse AG, sei es anfangs schwierig gewesen, harte Entscheidungen zu kommunizieren und Grenzen aufzuzeigen. Dabei sei sie anfangs zu vorsichtig gewesen. Sie habe aber den offenen Umgang gelernt, auch mit schwierigen Themen, weil Mitarbeiter diesen sehr schätzten und die Zusammenarbeit davon profitiere. Bettina Petzold, General Manager Business Development bei Lufthansa Cargo, empfiehlt, trotz aller Härte Charme und vor allem Humor zu bewahren. Andernfalls bezahle man einen zu hohen Preis, verhärme sich und habe letztendlich keinen Erfolg.

Anne-Kathrin Deutrich, ehemalige Vorstandssprecherin bei der Sick AG, empfiehlt Frauen, nicht nur Fachkompetenz, sondern auch geschäftsmäßiges Verhalten zu zeigen, das heißt sachbezogen zu agieren. Man solle nicht seine Rolle als Frau in den Vordergrund stellen und zu viele Gefühle zeigen. Humor sei besonders wichtig! Auch und gerade in Stresssituationen sollte professionelles Verhalten gezeigt werden. Selbstmitleid und emotionale Ausbrüche würden gern als typisch weibliche Attitüden abgetan. Eine »dicke Haut« sei da schon erforderlich; wenn dann zur Gelassenheit noch Humor komme, könnten auch schwierige Situationen gemeistert werden.

Silke Heinken, Leiterin Service Launch Management Rechnung bei T-Home, hält es für wichtig, dass Frauen nicht versuchen sollen, wie Männer zu sein. Sie meint, dass Frauen sich auf ihre Stärken konzentrieren sollen. Sie zum Beispiel stelle sich den Problemen, während viele männliche Führungskräfte diese noch nicht einmal im Blick hätten und außerdem das Zwischenmenschliche ausblenden würden.

Natürlich gibt es Vorteile für Frauen, meint Silke Heinken, da Männer ihnen gegenüber höflicher seien als gegenüber anderen Männern. Auch Maud Pagel, zum Zeitpunkt des Interviews Vice President und Diversity Leiterin im Konzern Deutsche Telekom, findet, dass Frauen in Unternehmen auch Vorteile hätten. Man könne manchmal knallhart, manchmal aber auch sehr charmant auftreten. Es ärgere sie trotzdem, dass eine Frau auf der Chefetage zunächst als Sekretärin eingestuft werde und dass dieses Rollenklischee sowohl bei Männern als auch bei Frauen existiere.

Martina Heim, Personalleiterin bei L'Oréal Deutschland GmbH, beschreibt Ihre eigene Entwicklung folgendermaßen:»Als Berufsanfängerin trug ich nur Hosenanzüge, wollte in die Männerwelt ›reinpassen‹ und passte mich deshalb weitgehend an. Irgendwann habe ich gemerkt, dass dies der falsche Weg ist, dass man stattdessen seinen eigenen Stil finden muss und sich nicht verbiegen lassen soll. Von Äußerlichkeiten oder von dummen Bemerkungen darf man sich nicht irritieren lassen. Frauen haben einen anderen (nicht besseren oder schlechteren) Führungsstil als Männer, und sie sollten dazu stehen.«

Regine Pohl, Director Handhelds & Mobility bei Hewlett Packard EMEA, hält es für wichtig, dass Frauen ihr »Frau sein« im Berufsleben nutzen. Sie empfindet es als Vorteil, eine Frau zu sein und betont auch die Bedeutung eines eigenen weiblichen Stils. Sie empfiehlt, offen und authentisch zu sein statt sich zu verbiegen. Auch eine Managerin in der Automobilindustrie, die in ihrem Umfeld die einzige Frau ist, erzählt, dies gäbe ihr die Möglichkeit, sich anders zu verhalten. So habe sie es in vielen Fällen leichter als ihre männlichen Kollegen.

»Think Manager – Think Male«

Unter dem Phänomen »Think Manager – Think Male« versteht man, dass das typische Bild einer Führungskraft dem männlichen Geschlechtsstereotyp entspricht. Gerda Peter, Prokuristin bei der DKB Wohnungsbau und Stadtentwicklung GmbH, berichtet, dass Männer in einer Führungsposition sofort als Führungsperson anerkannt würden, während Frauen sich erst positionieren und kämpfen müssten, um als solche wahrgenommen zu werden. Auch Martina Heim, Personalleiterin bei L'Oréal Deutschland GmbH, formuliert, dass Frauen besser als Männer sein müssten, sich Akzeptanz erarbeiten müssten, Kompetenz zeigen müssten und dass es bei Frauen zuerst in Frage gestellt würde, ob sie gut seien oder nicht. Ein Mann hingegen komme durch die Tür und werde sofort als kompetent angesehen.

In Bezug auf das Phänomen »Think Manager – Think Male« lässt sich jedoch ein neues Selbstbewusstsein der Frauen konstatieren. Sie wollen keine Kopie der Männer mehr sein, sondern sie wollen im Sinne des Diversity-Ansatzes eine Bereicherung darstellen. Unterstützt wird dieses Streben durch Entwicklungen in der Industrie. Man hat dort erkannt, dass die Mitarbeit von Frauen zum Beispiel bei der Produktentwicklung oder bei der Entwicklung von Marketingstrategien sehr wichtig ist, weil dann die Sicht von Frauen und deren Interessen berücksichtigt werden kann. Die im Interview Befragten empfehlen, nicht die Männer nachzumachen, sondern einen eigenen weiblichen Stil zu entwickeln und weibliche Sichtweisen beizusteuern (siehe Tabelle 31). Eine Managerin erzählte, dass ihr als Frau Weichheit unterstellt werde und dass sie in Verhandlungen als konsensorientierter eingestuft werde. Wenn sie aber »Tacheles« rede, gelte sie als dumme Kuh oder Zicke. Wenn sie jedoch charmant sei, hieße es, Frauen müssten nur ein »kurzes Röckchen anziehen«, dann würden sie beim Chef alles durchkriegen. Sie stellt sich immer wieder die Frage, wie weiblich solle sie sein, denn sie möchte weder als ein »Mannweib« wahrgenommen werden noch als ein »Mann ohne Krawatte«.

Auch Dorothee Belz, Director Law & Corporate Affairs bei der Microsoft Deutschland GmbH, geht es ähnlich. Einerseits werde von ihr »tough sein« erwartet, dann wieder hieße es, sie habe »Haare auf den Zähnen«. Es sei eben schwierig, den Anforderungen gerecht zu werden, sich durchzusetzen und gleichzeitig dem freundlichen weiblichen Bild zu entsprechen. Deshalb empfiehlt sie, sich ein dickes Fell zuzulegen, seinen eigenen Weg zu finden (nicht die Männer nachzumachen, nicht Emanze zu sein) und Durchhaltekraft zu beweisen. Dr. Ruth Kappel, Director Corporate Communication bei der Celesio AG, hält es für einen Fehler, wenn Frauen männliche Verhaltensweisen annähmen, da sie sich dann verbögen, ihnen die Energie für Erfolg dann fehle, und sich stattdessen Misserfolg einstelle. Dadurch würden die Frauen sich selbst demotivieren. Auch bei den Themen »Frauen und Aussehen« bzw. »Frauen und Kleidung« kommt die Empfehlung »Frau bleiben« zur Geltung. Das Ergebnis der Untersuchung von Dr. Sandra Spreemann (2000) war, dass attraktive Frauen im Managementbereich als weniger geeignet eingeschätzt wurden als unattraktive. Hingegen ist das Ergebnis meiner Untersuchung, dass sowohl Attraktivität als auch Unattraktivität zum Erfolg beitragen können. Der wesentliche Faktor ist ein gepflegtes Äußeres. Attraktivität wird als »Türöffner« gesehen; jedoch muss eine attraktive Frau ihre Leistungsfähigkeit genauso beweisen. Eine konstruktive Arbeitsbeziehung, ungestört von sexueller Anziehung, entsteht schneller und leichter mit einer weniger attraktiven Frau.

Die Maskulinisierungsstrategie hat also an Aktualität eingebüßt. Auch Dr. Susanne Günther und Prof. Dr. Jochen Gerstenmaier (2005) kommen zu dem Ergebnis, dass nicht nur Instrumentalität, sondern auch Feminität mit dem Berufserfolg von Managerinnen in positivem Zusammenhang stehen. Auch Bettina Petzold, General Manager Business Development bei Lufthansa Cargo, trägt langes blondes Haar und sagt selbst, dass eine Diskrepanz zwischen ihrem äußeren Erscheinungsbild und dem, was sie darstellen wolle, bestehe. Aber sie wolle eben nicht konform sein.

»Token Woman« und »Old Boys Network«

So bestätigen die Antworten auf die Frage nach einer spezifischen Problematik für Frauen in Führungspositionen (siehe Tabelle 34) das »Token Woman«-Phänomen. Frauen in Führung fühlen sich als »Exotin«, als »Wesen von einem anderen Stern«. Im Interview äußerten sie, dass bei Frauen alles kritisch bewertet werde, während Männern Fehler eher verziehen würden. Anne-Kathrin Deutrich, Vorstandssprecherin bei der Sick AG, erzählt, dass den Frauen mit Vorsicht, Distanz und Misstrauen begegnet werde. Männer hätten stattdessen das Problem, das sie aus ihrer Rolle nicht mehr heraus könnten, dass sie Scheingefechte und härtere Auseinandersetzungen führen müssten. Frauen seien im Vergleich dazu geradliniger und konsequenter.

Der herausgehobene Status als Frau führt zu einer guten Sichtbarkeit (»Visibility«), was in meiner Untersuchung von weiblichen Führungskräften auch positiv bewertet wurde. Andererseits wird die weibliche Führungskraft genau beobachtet und beurteilt. Jeder noch so kleine Fehler wird bei ihr besonders schnell wahrgenommen und ihrem Geschlecht zugeschrieben (»typisch Frau«), Erfolge hingegen lassen sie zum »Quasi-Mann« werden. Wenn man daran denkt, wie wichtig Eigenmarketing für die berufliche Laufbahn ist, so fällt es doch leicht, diese besondere Visibility positiv zu sehen und sich deren Anforderungen zu stellen.

So berichtete eine Führungskraft, die zum Zeitpunkt des Interviews in einem männlich geprägten Umfeld arbeitete und als Frau oft alleine in Männerrunden saß, dass sie manchmal als Repräsentantin der Frauen wahrgenommen wurde. Dann kam es weniger darauf an, was sie fachlich leistete.

Frauen, die in die Chefetagen aufsteigen, stören das »Old Boys Network«. Frauen verändern auch den Umgang der Männer untereinander. Mechthild Ladner, Bereichsleiterin bei der VOSS Automotive GmbH, bemerkt positiv, dass die Männergespräche anders seien, wenn sie als Frau dabei sei. Außerdem mache es ihr Spaß, mit Männern zusammenzuarbeiten. Das ist mit Sicherheit ein Erfolgsfaktor in der männerdominierten Berufswelt. Mechthild Ladner habe übrigens nie erlebt, dass die Männerwelt gegen sie als Frau sei. Sie spricht dabei auch folgende Grundregel an, dass immer zwei beteiligt seien: einer, der »es« mache und einer, der »es« mit sich machen lasse. Sie gehöre meistens nicht zu denen, die »es« mit sich machen lassen. Auch Karen Gajewski, Geschäftsführerin bei der Tee Gschwendner GmbH, hält es für wichtig, sich selbst treu zu bleiben und sich nicht den Männern anzupassen.

Erfolgsstrategien auf dem Weg in die Führungsetagen

»Wer nichts sagt, hat nichts zu sagen.«

Monika Henn

Die grundlegende Frage des Buches ist: Was kennzeichnet Frauen in Führungspositionen? Daraus abgeleitet ergibt sich die Fragestellung, was sind deren Erfolgsstrategien? Bisher habe ich in Teil 1 des Buches beschrieben, was Führung eigentlich heißt und welche Anforderungen an Führungskräfte gestellt werden. Eine wichtige Feststellung dabei war, dass sich die Anforderungen, um Führungskraft zu *sein*, von denen unterscheiden, um Führungskraft zu *werden*. Führungskompetenz ist also nicht das Gleiche wie Aufstiegskompetenz.

Weiter haben wir gesehen, dass die bisherige Führungsforschung aufgrund der betrieblichen Gegebenheiten immer Männer in Führungspositionen im Focus hatte. Sobald aber eine Frau in einer Führungsposition ist, ergeben sich neue Themenstellungen, die ebenso in Teil 1 des Buches beschrieben sind. Dazu gehören die strukturellen Barrieren für Frauen und die daraus resultierenden Fördermaßnahmen. Dargestellt wurden auch die geschlechtsspezifischen Stereotype, die sich bei der Beurteilung von Führungsfrauen störend auswirken, sowie verschiedene Selbstdarstellungsstile, geschlechtsspezifisches Konkurrenzverhalten und Leistungsverhalten.

Ebenso sind die beschriebenen Phänomene »Glass Ceiling« und Labyrinth, »Token Woman«, »Think Manager – Think Male«, »Old Boys Network«, Präsenzkultur, Work-Life-Balance, Networking und Mentoring, in erster Linie für Frauen in Führungspositionen und für Frauen, die in Führungspositionen gelangen wollen, relevant.

In Teil 2 des Buches habe ich meine wissenschaftliche Untersuchung von Frauen in Führungspositionen im Vergleich zu Frauen auf Mitarbeiterebene beschrieben und deren Ergebnisse dargestellt. Meine Studie griff genau die frauenspezifischen Themen auf, die bisher noch nicht untersucht worden waren. Frauen müssen, neben den genannten Anforderungen an Führungskräfte, zusätzliche Herausforderungen bewältigen. Die befragten weiblichen Führungskräfte bewältigen diese in einem größeren Maß als die Mitarbeiterinnen. Teilweise besteht bei ihnen auch noch Entwicklungspotenzial, um die Karriereleiter weiter empor zuklettern. Bei der Auswertung des berufsbezogenen Persönlichkeitsfragenbogens stellte sich heraus, dass sich die Führungsfrauen von den Mitarbeiterinnen in vielen Eigenschaften unterscheiden.

In Teil 3 des Buches habe ich dann aus den Ergebnissen Schlussfolgerungen dazu gezogen, wie Frauen den Weg in die Führungsetagen schaffen können. Diese wurden mit Zitaten der interviewten weiblichen Führungskräfte untermauert. Alle in diesem Teil besprochenen Themen haben ihren Anteil daran, ob eine Frau Karriere macht oder nicht. Deshalb beginnt dieser Teil mit der Darstellung der eigenen Lebensplanung und den verschiedenen Lebensschwerpunkten. Karriere hängt auch davon ab, wie eine Frau mit der Präsenzkultur umgeht, ob sie Eigeninitiative zeigt, ob sie zu Führung motiviert ist, wie sie Macht gegenübersteht, ob sie Netzwerke pflegt, selbstbewusst ist, Eigenmarketing betreibt und ob sie einen karrierefördernlichen Umgang mit Selbstkritik und Misserfolg hat. Um Karriere zu machen, spielt es eine Rolle, wie eine Frau sich im Miteinander in den Unternehmen bewegt, ob sie die Spielregeln erkennt und durchschaut, ob sie firmenpolitisch kluges Verhalten zeigt, wie sie mit Konkurrenzsituationen umgeht, wie sie geschlechtsstereotypischen Erwartungen begegnet und wie sie ihr »Frau sein« im Unternehmen lebt. Dies alles wurde in den letzten Kapiteln verdeutlicht.

Was empfehlen denn die interviewten Frauen als Erfolgsstrategien auf dem Weg nach oben? In den Interviews, die ich in meiner Studie geführt habe, stellte ich explizit die Frage: »Was empfehlen Sie Frauen, die Führungsfunktionen erreichen wollen?« (siehe Tabelle 31). Interessant ist, dass weibliche Führungskräfte und Mitarbeiterinnen unterschiedliche Empfehlungen aussprechen.

Folgende Gesichtspunkte werden genannt: »Visibility«, Eigeninitiative und Zielstrebigkeit zeigen, einen eigenen weiblichen Stil entwickeln, nicht die Männer nachmachen, Kompetenzen erweitern. Diese Punkte kennzeichnen Aufstiegseffizienz: Kompetenzen haben und diese mit Eigeninitiative und Zielstrebigkeit »an den Mann bringen«.

Vor allem die befragten weiblichen Führungskräfte empfehlen außerdem folgende Punkte: »dickes Fell« zulegen, Kritik nicht persönlich nehmen, Spielregeln im Unternehmen durchschauen; Mut, ein Risiko einzugehen, sich etwas zutrauen und wagen; Humor, »Chauvisprüche« nicht ernst nehmen; privates Anspruchsdenken zurückschrauben und persönliche Nachteile in Kauf nehmen.

Vor allem die befragten Mitarbeiterinnen nennen: keine Kinder bekommen, präsent sein und bestimmt auftreten. Dem entspricht, dass bedeutend mehr Führungskräfte als Mitarbeiterinnen keine Kinder haben. Aber auch, wenn man nur die Gruppe »weibliche Führungskräfte« betrachtet, hat der größere Teil (75 Prozent) in dieser Gruppe keine Kinder (siehe Tabelle 25). Viele Führungskräfte äußerten, dass sie beruflich nicht da wären, wo sie heute sind, wenn sie ein Kind bekommen hätten. Das hängt mit dem Punkt »präsent sein« zusammen.

Diesem Gesichtspunkt »präsent sein« entsprechen weibliche Führungskräfte eher als Mitarbeiterinnen, die signifikant häufiger diverse Teilzeitmodelle in Anspruch nehmen (siehe auch die Beantwortung der Frage: »Wie viel Zeit investieren Sie in Ihren Beruf?«). Wie bereits oben (Präsenzkultur) dargestellt, wird die Förder- und Forderbarkeit eines Mitarbeiters oder einer Mitarbeiterin nach der tatsächlichen Anwesenheit beurteilt. Was während der Arbeitszeit geleistet wird, steht nicht allein im Vordergrund. Denn private Tätigkeiten, private Telefonate, Computerspiele, Börsengeschäfte am PC beispielsweise und vor allem »politische« Gespräche können die Arbeitszeit in die Länge ziehen. Man geht bei Teilzeitkräften von einer höheren Produktivität aus, da ihr Arbeitstag zu kurz für Nebentätigkeiten oder Pausen (oft gefüllt mit privaten Gesprächen) ist.

Der Punkt »bestimmtes Auftreten« war für Führungskräfte einerseits wahrscheinlich selbstverständlich und andererseits inbegriffen in Punkten wie: Position beziehen, Diskussionsverhalten verbessern, durchsetzungsstark sein, Entschuldigungsrituale weglassen, Charisma und Selbstbewusstsein haben.

So unterscheiden sich auch bei den Empfehlungen beide Gruppen (Führungskräfte und Mitarbeiterinnen) und setzen unterschiedliche Schwerpunkte. Was die Mitarbeiterinnen empfehlen, erfüllen die Führungskräfte bereits und setzen diese Punkt voraus. Die Empfehlungen der weiblichen Führungskräfte sind also »on Top« bzw. noch weiter gehend als die der Mitarbeiter.

Im Folgenden sind die genannten Erfolgsfaktoren und Empfehlungen noch einmal übersichtlich aufgeführt und beschrieben:

Kompetenz
Voraussetzung für Erfolg ist natürlich Kompetenz. Kompetenz alleine genügt aber nicht. Leider glauben viele Frauen, es genüge, gute Arbeit zu leisten, um befördert zu werden. So funktionieren die Spielregeln im Business jedoch nicht. Beachten Sie darum auch folgende Erfolgsfaktoren:

Visibility
Arbeiten Sie an Ihrer Sichtbarkeit im Unternehmen! Als Frau haben Sie da einen großen Vorteil im Vergleich zu Männern. Qua Geschlecht fallen Sie schon auf. Wenn Sie dann noch bei Ihrer Kleidung etwas Farbe ins Spiel bringen, sind Sie nicht zu übersehen. Wenn Sie dann Aufmerksamkeit erlangt haben, müssen Sie nur noch einen guten Eindruck machen, indem Sie Ihre Kompetenz zeigen. Ohne Kompetenz zu zeigen, geht es nicht! Überlegen Sie sich, bei welchen Gelegenheiten Sie Präsentationen zu Ihrer Arbeit oder zu Ihren Themen halten können. In welchen Besprechungsrunden können Sie als Gast einen Beitrag liefern? Wer muss von bzw. über Ihre Arbeit Bescheid wissen?

Förderer, Mentor
Viele erfolgreiche Frauen hatten bei Ihrem Aufstieg einen (männlichen) Förderer. Das muss nicht der/die eigene Vorgesetzte sein. Überlegen Sie sich, wer aus Ihrem Umfeld Sie weiterbringen kann. Suchen und pflegen Sie den Kontakt zu dieser Person. Berichten Sie ihr von Ihren Leistungen und Erfolgen und bauen sie eine gute Beziehung zu ihr auf.
Die institutionalisierte Form eines Förderers ist ein Mentor. Die Teilnahme an Mentoring-Programmen war ebenfalls für viele Frauen gewinnbringend und vorteilhaft. Bewerben Sie sich aktiv um die Teilnahme an einem solchen Programm.

Eigeninitiative
Suchen Sie Ihre Chancen und zeigen Sie dabei Eigeninitiative. Kein Mensch, auch kein Mann, bekommt die berufliche Beförderung auf dem »Silbertablett« serviert. Gerade in Großunternehmen bieten sich viele Aufstiegsmöglichkeiten, die Sie aber selbst eruieren müssen. Bringen Sie sich ins Gespräch und greifen Sie nach Chancen, die sich Ihnen bieten. Um

Chancen und Gelegenheiten wahrzunehmen, müssen Sie bereit und offen dafür sein.

Einfordern des beruflichen Fortkommens
Teilen Sie vor allem Ihren Vorgesetzten Ihre beruflichen Ziele mit und fordern Sie Unterstützung für den Weg ein. Von Führungskräften wird dieses selbstbewusste Auftreten erwartet. Das »Aschenputtel-Schema – warten und entdeckt werden wollen« funktioniert nicht.

Kritik nicht persönlich nehmen
Seien Sie nicht empfindlich, sondern legen Sie sich ein »dickes Fell« zu. Nehmen Sie Kritik nicht persönlich. Überlegen Sie, ob die jeweilige Kritik Ihre berufliche Rolle bzw. Aufgabe betrifft. Nehmen Sie auch »Chauvisprüche« nicht ernst, sondern mit Humor.

Spielregeln im Unternehmen durchschauen
Versuchen Sie, die (heimlichen) Spielregeln im Unternehmen zu durchschauen. Denken Sie an das übliche Konkurrenzverhalten (Konkurrenz»gerangel«) und stellen Sie sich diesem. Lassen Sie sich nicht durch Ihr Leistungsverhalten den Blick für Ihr Umfeld verstellen. Reflektieren Sie Ihr Verhalten unter strategischen Gesichtspunkten. Beachten Sie vor allem das unterschiedliche Konkurrenzverhalten von Männern und Frauen. Männer erkämpfen in der Zusammenarbeit eine Dominanzhierarchie (Stichwort: »Hackordnung«), während Frauen durch ihr Verhalten eine Geltungshierarchie (Stichwort: »Krabbenkorb«) herausbilden.

Netzwerk
Netzwerke sind wichtig. Beziehungen schaden dem, der sie nicht hat. Netzwerken Sie nicht nur nach Sympathien. Suchen Sie nicht nur das Kaffeekränzchen oder die Kuschelecke zum Wohlfühlen. Suchen Sie auch Kontakt zu hierarchisch höhergestellten Personen.

Eigenmarketing
Bei dem Begriff Eigenmarketing geht es nicht um Schaumschlägerei oder um überzogenes und deshalb unangenehmes Auftreten. Es geht darum, die eigene Leistung und Leistungsfähigkeit ans Licht zu bringen und zu benennen, gemäß dem Slogan: Die richtige Information zur richtigen Zeit am

richtigen Ort! Wenn Sie nicht auf sich aufmerksam machen, brauchen Sie sich nicht zu wundern, wenn Sie übersehen werden.

Business-Kleidung
Viele Frauen nehmen sich bei ihrer Kleidung zu viele »Freiheiten« heraus. »Sportlich und schick« genügt nicht immer. Im Business gibt es eine Kleiderordnung, die je nach Unternehmen ein wenig variiert. Unterschätzen Sie nicht die professionelle Wirkung eines Jacketts. Dieses sollten Sie – genau genommen – nie weglassen. Ein amerikanisches Sprichwort sagt: Don't dress for the job you have, but for the job you want!

Gepflegtes Aussehen
Hier eine gute Nachricht: Ob Sie besonders gut aussehen oder nicht, ist unwichtig. Beides hat seine Vorteile. Sehen Sie sehr gut aus, so genießen Sie die Vorteile, die gut aussehende Menschen gemeinhin haben. Ihr Gegenüber ist dann zunächst von Ihnen angetan. Ihre Kompetenz müssen Sie aber trotzdem zeigen. Sehen Sie weniger gut aus, so werden Sie eher als Arbeitskollegin wahrgenommen und weniger als Frau. Das Verhältnis zueinander kann in einer Arbeitsbeziehung unkomplizierter und einfacher sein. Dies hat natürlich auch große Vorteile. Ihre Kompetenz müssen Sie genauso zeigen. Entscheidend ist ein gepflegtes Aussehen.

Bestimmtes Auftreten
Beziehen Sie in Diskussionen deutlich Position und verbessern Sie Ihr Diskussionsverhalten. Lassen Sie Entschuldigungsrituale weg und zeigen Sie stattdessen Selbstbewusstsein, Durchsetzungsstärke und Charisma.

Misserfolgstoleranz
Lassen Sie sich durch Misserfolge nicht entmutigen! Misserfolge sind auch Rückmeldungen und Feedback. Sie bedeuten andererseits gute Chancen, aus denen man lernen kann. Erfolg ist auch abhängig von Fleiß, Ausdauer, Hartnäckigkeit und Disziplin. Frustrationstoleranz hilft auf dem Weg zum Erfolg. Führungskräfte sind »Stehaufmännchen« und »Stehauffrauchen«. Scheitern ist nicht so schlimm wie ein »Nicht-probiert-haben«. »Nicht-probiert-haben« kann man nicht zurückholen. Hat man dagegen etwas versucht, so bleibt mehr Lebensmut und Selbstvertrauen, weil man sich einer Sache gestellt hat.

Karriereförderlicher Umgang mit Macht

Manche Frauen schrecken vor dem Begriff »Macht« zurück. Sie schrecken dann oft auch vor Macht*positionen,* sprich Führungspositionen, zurück, obwohl Frauen in unserer Gesellschaft schon viel Macht, oft informelle Macht haben. Frauen erkennen diese informelle und verborgene Macht vielleicht nicht immer als Macht. Machen Sie sich klar, dass Sie eine »Machtposition« brauchen, um etwas in Ihrem Sinne bewegen und verändern zu können. Streben Sie eine Führungsposition an und bleiben Sie nicht in der zweiten Reihe stehen. Im privaten Lebensbereich übernehmen Sie doch auch oft die Hauptverantwortung.

Mut

Haben Sie Mut, genau das zu tun, was sonst keiner oder keine macht. Gehen Sie ein Risiko ein! Gehen Sie einen Schritt hinaus aus Ihrer Komfortzone, in der Sie alles beherrschen! Führung heißt auch »vorausgehen, nicht hinterherlaufen«. Viele Frauen haben Angst, neue Wege zu beschreiten. Wenn andere etwas nicht geschafft haben, heißt das nicht zwangsläufig, dass es auch Ihnen nicht gelingen kann. Trauen Sie sich etwas zu, Misserfolg ist erlaubt!

Zielorientierung

Setzen Sie sich hohe Ziele! Mancher Mann setzt sich das Ziel, Vorstand zu werden. Wie viele Frauen tun das? Wenn Sie Vorstand sind, richtet sich Ihr organisatorisches Umfeld nach Ihnen. Denken Sie daran, dass das Leben im Mittelmanagement in gewisser Weise besonders anstrengend ist. Dort befinden Sie sich in einer »Sandwichposition«, in welcher sowohl von oben als auch von unten unterschiedliche Anforderungen an Sie gestellt werden. Streben Sie ruhig nach »ganz oben«! Erlauben Sie sich, Erfolg haben zu dürfen!

Engagement

Engagieren Sie sich! Von nichts kommt nichts! Man muss bereit sein, die Extra-Meile zu gehen! Und geben Sie niemals vorzeitig auf! Engagement ist nicht gleichzusetzen mit langer Arbeitszeit (Präsenzkultur). Bringen Sie neue Ideen ein, ergreifen Sie die Initiative und rufen Sie neue Projekte ins Leben. Wenn es Ihre erwünschte Position/Aufgabenstellung noch nicht gibt, versuchen Sie eine solche zu initiieren.

Mit Männern klarkommen
Erfolgreiche Managerinnen kommen mit Männern gut aus. Schließlich arbeiten sie viel mit Männern zusammen. Es kann auch von Vorteil sein, die einzige Frau unter Männer zu sein. Die Bandbreite der Möglichkeiten ist groß: das eine Mal durch nicht frauentypisches Verhalten zu verblüffen und ein anderes Mal den weiblichen Charme spielen zu lassen.

Eigenen weiblichen Stil entwickeln
Das Dilemma, nach dem das noch übliche Frauenstereotyp und das typische Bild einer Führungskraft (»Think Manager – Think Male«-Phänomen) nicht zu einander passen, muss jede Frau für sich selbst immer wieder neu lösen. Machen Sie nicht die Männer nach! Entwickeln Sie Ihren eigenen weiblichen Stil! Das Anforderungsprofil an eine Führungskraft ist momentan im Begriff, sich zu ändern. Sozialkompetenz, Authentizität und Transparenz des Führungsverhaltens sind heutzutage immer mehr gefragt.

Präsent sein
Für Sie ist es nicht sinnvoll, eine halbe Stelle bezahlt zu bekommen, aber eine dreiviertel Stelle auszufüllen. Das hat nicht nur auf Ihr Gehalt, sondern auch auf Ihre Rente negative Auswirkungen. Versuchen Sie lieber, sich Freiräume durch flexible Arbeitsorte (Homeoffice) und durch flexible Arbeitszeiten statt durch Arbeitszeitreduzierung zu verschaffen. Es geht darum, die Work-Life-Balance, besser noch die Work-Life-Integration, in den Griff zu bekommen. Versuchen Sie, so weit wie nötig (nicht wie möglich) der Präsenzkultur in Unternehmen durch ihre Anwesenheit im Büro Rechnung zu tragen. Seien Sie mit einem Handy/Telefon gut erreichbar! Wenn Sie für ein Telefonat gerade einmal nicht abkömmlich sind, können Sie einen Rückruf vereinbaren.

Schwerpunkt auf beruflichem Erfolg
Führungskräfte legen den Schwerpunkt ihres Lebens auf den beruflichen Erfolg. Sie stecken Ihre Energie zunächst und zuerst in ihre Arbeit und Karriere. Denken Sie aber auch an Ihre körperliche Gesundheit! Im Beruf geht es um einen »Langstreckenlauf«, nicht um einen »Sprint«. Vergessen Sie nicht Ihre persönlichen Werte! Charisma, Ausstrahlung und Authentizität machen Sie zu einer guten und überzeugenden Führungskraft. Pflegen Sie auch Ihre Beziehungen und sonstigen Kontakte! Einsamkeit wird Sie nicht weiterbringen!

Ausblick und Implikationen für Führungskräfte und Personalentwickler

>»Für die dummen Frauen hat man die Galanterie; aber
>was tut man mit den Klugen? Da ist man ratlos.«
>*Heinrich Mann*

Meine Studie hat gezeigt, dass die klassischen Rollenbilder das Denken und Verhalten von Frauen und Männern immer noch stark prägen. Die gesellschaftlichen Strukturen und Rahmenbedingungen in Deutschland erschweren den Frauen den Aufstieg in die Führungsetagen. Frauen sind doch nicht nur dämlich, wie Barbara Bierach sagt. Auch Männer müssen ihre Rolle neu definieren, wenn Frauen Führungspositionen innehaben. Da stellt sich die Frage: »Wann ist ein Mann ein Mann?«, wie Herbert Grönemeyer in einem seiner Lieder fragt. Die Toleranz in Bezug auf unterschiedliche Lebensentwürfe, unabhängig vom Geschlecht, würde vielen Frauen den Weg in die Führungsetagen erleichtern und zugleich vielen Männern die Freiheit für alternative Lebensentwürfe geben! Ein Sprichwort sagt: »Der Kopf ist rund, damit man beim Denken jederzeit die Richtung ändern kann.«

Für die Absicht, Karriere zu machen, ist jetzt die Zeit für Frauen ideal. Schon heute fällt es Unternehmen schwer, qualifizierte Positionen mit kompetenten Kandidaten zu besetzen. Und angesichts des demografischen Wandels können Unternehmen es sich zukünftig noch weniger leisten, gut ausgebildete Frauen nicht zu rekrutieren bzw. sie nicht systematisch zu fördern. Es gilt, Frauen als personalstrategische »Reserve« neu zu entdecken und so bisher brachliegende Potenziale zu nutzen. Dazu gehört auch, Frauen nach einer Familienzeit willkommen zu heißen und ihnen die Gelegenheit zu geben, eine verantwortungsvolle Position einzunehmen. Prinzipiell sollte man auch Personen mit höherem Alter für Führungspositionen berücksichtigen. Denn bei dem momentanen Renteneintrittsalter von 67 Jahren ist es ohnehin nicht mehr sinnvoll nur MittdreißigerInnen zu Führungskräften zu entwickeln.

Viele ältere männliche Führungskräfte gewinnen einen neuen Blick für die Schwierigkeiten von Frauen im Berufsleben. Sie haben oft gut ausgebildete Töchter, die vor dem Dilemma »Kind oder Karriere« stehen. Da sie aber in die Ausbildung ihrer Töchter genauso wie in die ihrer Söhne investiert haben, möchten sie verhindern, dass deren Talente verkümmern und/oder deren Unabhängigkeit verloren geht. Das bewirkt bei den Männern, ihr Denken zu ändern und das Miteinander von Familie und Beruf neu zu definieren.

Meine Studie sollte zeigen, welche Unterschiede es zwischen weiblichen Führungskräften und Mitarbeiterinnen gibt und zwar bezogen auf die Persönlichkeit (genauer gesagt: das Selbstbild zur berufsbezogenen Persönlichkeit) und bezogen auf das Verhalten und Denken im beruflichen Kontext.

Da es sowohl an den Frauen selbst wie auch an den Rahmenbedingungen liegt, dass so wenige Frauen in Führungspositionen zu finden sind, ist es sinnvoll, bei beiden Faktoren anzusetzen, wenn man diesen Zustand ändern möchte. Es wäre müßig, bestimmen zu wollen, welcher Faktor ein größeres Gewicht hat. Dies ist genauso wenig sinnvoll wie die vor Jahrzehnten geführte »Anlage-Umwelt-Diskussion«. Frauen müssen sich einerseits in den bestehenden Rahmenbedingungen zurechtfinden, andererseits können sie diese aber auch verändern. Sinnvoll sind sowohl veränderte Rahmenbedingungen als auch spezielle Fördermaßnahmen für Frauen und Männer.

Voraussetzung dafür ist, dass das Ziel – mehr Frauen in Führungspositionen zu bringen – verfolgt wird. Diesbezüglich hat sich in den letzten Jahren bereits viel getan. Entscheidungsträger in der Gesellschaft, insbesondere eben in der Wirtschaft, müssen informiert sein über die Führungskompetenz von Frauen und über deren gleichzeitig fehlende Aufstiegskompetenz. Zusätzlich bedarf es der Ermunterung, die Führungskompetenz der Frauen zu nutzen. Erfolgreich kann dies aber nur sein, wenn gleichzeitig das Augenmerk auf Männerförderung gelegt wird, um etwaige Ängste abzubauen. Die Rahmenbedingungen müssen also geändert werden:

– Weg von der Präsenzkultur, hin zu ergebnisorientierter Führung,
– Differenzierung zwischen Anwesenheit und Erreichbarkeit,
– flexible Arbeitszeiten und flexible Arbeitsorte,
– kurze Unterbrechungen (4 bis 6 Monate) nach einer Geburt,
– finanzielle Anreize und entsprechende gesetzliche Regelungen für die Aufteilung der Erziehungszeit zwischen Vater und Mutter,
– Work-Life-Integration-orientierte Unternehmensführung.

Entsprechende neue Regelungen zur Erziehungszeit hat die Familienpolitik bereits 2007 durch die damalige Bundesministerin für Familie, Senioren, Frauen und Jugend, Frau Ursula von der Leyen getroffen. Frau Ursula von der Leyen setzte sich auch sehr für die Vereinbarkeit von Beruf und Familie ein. Als derzeitige Arbeitsministerin treibt sie das Thema »Frauen in Führungspositionen« engagiert voran.

Einen großen Impuls setzte die Deutsche Telekom im März 2010, indem sie als erstes der 30 DAX-Unternehmen eine Frauenquote einführte. Bis Ende 2015 sollen 30 Prozent der oberen und mittleren Führungspositionen in dem Unternehmen mit Frauen besetzt sein. Anfang 2011 sind einige Konzerne – wie Airbus, Bayer, BMW, Bosch, Daimler und Eon – diesem Beispiel gefolgt, eine freiwillige unternehmensspezifische Regelung einzuführen. Durch die Bekanntmachung der Quote ist eine große Diskussion in den Unternehmen und in der Gesellschaft entfacht worden. Oft wird die Quote an sich als Maßnahme verstanden. Sie ist jedoch nur eine Zielvorgabe, zu deren Erreichung man verschiedene Maßnahmen ergreifen muss. Denn es liegt an sehr vielen unterschiedlichen Faktoren, warum so wenige Frauen in Führungspositionen sind.

Frauen haben aufgrund des Fachkräftemangels eine entscheidendere Rolle in den Unternehmen inne als früher. Inzwischen fühlen sich Männer mit deutscher Herkunft (»male and white«) teilweise bereits als die neue diskriminierte »Einheit«. Der Begriff »Minderheit« passt wohl eher nicht.

Führungskräfte und Personalentwickler haben (vgl. auch Eagly/Carly 2007) in den Unternehmen begonnen,

– das Bewusstsein für die psychologischen Hintergründe von Vorurteilen gegenüber weiblichen Führungskräften zu fördern und an der Beseitigung dieser Vorurteile zu arbeiten.
– die Subjektivität der Leistungsmessung durch Offenlegung der Beurteilungskriterien und der Bewertungsprozesse zu verringern, um bei der Personalbeschaffung und bei Beförderungen versteckten Vorurteilen entgegenzuwirken.
– offene Einstellungsverfahren anzuwenden, anstatt sich bei der Stellenbesetzung auf informelle soziale Netzwerke und Empfehlungen zu verlassen.
– eine größere Zahl von Frauen im Management sicherzustellen; so wird verhindert, dass die Managerinnen als »Quotenfrauen« betrachtet und in stereotype Rollen wie »Verführerin«, »Mutter«, »Schoßhündchen« oder »eiserne Jungfrau« gepresst zu werden.

- Teams zu vermeiden, in denen nur eine Frau vertreten ist (»Token Woman«-Problematik).
- für mehr Netzwerke zu sorgen. Denn in der Hierarchie schnell aufsteigende Manager investieren mehr Zeit und Energie in die Pflege sozialer Kontakte, in politische Aktivitäten und in die Interaktion mit Personen außerhalb des Unternehmens. Weniger erfolgreiche Kollegen widmen sich traditionellen Managementaufgaben.
- Frauen auf Führungspositionen vorzubereiten, indem ihnen anspruchsvolle Aufgaben übertragen werden.
- spezielle Förderprogramme für angehende weibliche Führungskräfte (Nachwuchskräfte) und Frauen in Führungspositionen anzubieten.

Traditionelle Führungskräfteentwicklung reicht nachgewiesenermaßen nicht aus, Frauen adäquat auf die Übernahme von Führungspositionen vorzubereiten (vgl. McKinsey 2010; Henn, 2011). Ebenso bietet sie wenig Angebote, weibliche Führungskräfte in ihrer Rolle und Aufgabe innerhalb einer männerdominierten Businesswelt zu unterstützen. Ein wichtiges Instrument hierfür sind spezielle Seminare und auch Coaching für Frauen, die zusätzlich frauenspezifische Inhalte, die oft mit Denkblockaden und einschränkenden Glaubenssätzen verbunden sind, aufgreifen. Inhalte bzw. Themen sind unter anderem:

- Eigeninitiative zeigen,
- sich einen Förderer suchen,
- Selbstpräsentation und Eigenmarketing betreiben,
- das Selbstbewusstsein stärken,
- das eigene Anspruchsniveau überprüfen,
- Durchsetzungsstärke zeigen,
- Umgang mit Konkurrenz unter Männern, unter Frauen und zwischen Mann und Frau reflektieren,
- karriereförderlichen Umgang mit Macht erlernen,
- Netzwerke bilden,
- den Umgang mit Misserfolg reflektieren,
- Business-Etikette kennen.

In den Fördermaßnahmen für Frauen sollte also »politisches« Verhalten innerhalb von Unternehmen (»Fleißige Liese versus kluger Hans«-Phänomen) als auch professionelles Auftreten und Verhalten thematisiert werden. Business-Etikette sollte ebenso vermittelt werden.

Karriere ist eben kein Selbstläufer, sondern muss systematisch und zielgerichtet angegangen werden. Die Karriereplanung von Frauen erfordert die Klärung und Bearbeitung frauenspezifischer Fragestellungen. Frauen müssen Wege aufgezeigt werden, wie sie Erfolg haben und Karriere machen können. Sie müssen die Spielregeln einer männerdominierten Businesswelt kennen und Sicherheit im Auftreten und Verhalten erlangen. Als Exotinnen in Männergremien begegnen Frauen immer wieder Akzeptanzprobleme. Jede Frau in einer Führungsposition muss ihren eigenen weiblichen Weg finden, um neben den üblichen Anforderungen an Führungskräfte den zusätzlichen frauenspezifischen Anforderungen gerecht zu werden. Dazu müssen Frauen »Frau bleiben« und ihre Führungs»kraft« mobilisieren, um ihre ganze Durchsetzungskraft freizusetzen.

Auch Frauen, die bereits in Führungspositionen sind, brauchen Unterstützung, um ins Top-Management zu gelangen. Im Unterschied zu Männern tendieren selbst erfolgreiche Managerinnen dazu, die eigenen Fähigkeiten und Qualifikationen zu unterschätzen und sich eher zurückzuhalten, als sich ehrgeizige Ziele zu setzen. Gerade aber der Aufstieg ins Top-Management erfordert die unumstößliche persönliche Zielsetzung und einen eisernen Willen, nach »ganz oben« kommen zu wollen. Das dies nur mittels großer Selbstdisziplin, großem Durchhalte- und Durchsetzungsvermögen gelingen kann, ist offensichtlich. Auch in diesem Zusammenhang ist es wichtig, dass möglichst viele Frauen in Führungspositionen gelangen. Dann ist der Pool derjenigen, die ins Top-Management gelangen können, größer als bisher.

Hoffnungsvoll stimmen da meine beruflichen Erfahrungen in den letzten Jahren. Die Durchführung von Entwicklungsprogrammen für weibliche Potenzialträger half den Teilnehmerinnen, sich auf den nächsten Karrieresprung vorzubereiten. Fast alle Frauen gingen schon während der Entwicklungsreihe den nächsten Schritt in ihrer beruflichen Entwicklung. Angezogene Handbremsen konnten gelöst werden.

Voraussetzung und damit entscheidend ist – neben der Umsetzung der vorgeschlagenen Maßnahmen –, dass man mehr Frauen in Führungspositionen will und die Notwendigkeit einsieht, sich in einer komplexen Welt verschiedenartiger Ideen und Lösungsansätze aus verschiedenen Köpfen zu bedienen. Der Erfolg beginnt im Kopf!

Tabellen

Abbildungen

Literatur

Abele, A. E. (2003), »Geschlecht, geschlechtsbezogenes Selbstkonzept und Berufserfolg. Befunde aus einer prospektiven Längsschnittstudie mit Hochschulabsolventinnen und -absolventen«, *Zeitschrift für Sozialpsychologie, 34*, S. 161–172.

Ahnert, L. (Hg.) (2004), *Frühe Bindung. Entstehung und Entwicklung.* München.

Alfermann, D. (1993), »Frauen in der Attributionsforschung: Die fleißige Liese und der kluge Hans«, in G. Krell & M. Osterloh (Hg.), *Personalpolitik aus Sicht der Frauen – Frauen aus Sicht der Personalpolitik* (2. Aufl., S. 301–317). Mering.

Amelang, M. & Bartussek, D. (2001), *Differentielle Psychologie und Persönlichkeitsforschung* (5. Aufl.). Stuttgart.

Arthur, M. M. & Cook, A. (2004), »Taking stock of work-family initiatives: How announcements of ›family-friendly‹ human resource decisions affect shareholder value«, *Industrial and Labor Relations Review, 57*, S. 599–613.

Asendorpf, J. (1999), *Psychologie der Persönlichkeit* (2. Aufl.). Berlin.

Asplund, G. (1988), *Woman managers – Changing organizational cultures.* Chichester.

Backhaus, K., Erichson, B., Plinke, W. & Weiber, R. (2003), *Multivariate Analysemethoden. Eine anwendungsorientierte Einführung* (10. Aufl.). Berlin.

Baitsch, C. (2004), *Wenn zwei das Gleiche tun … Zum Einfluss unterschiedlicher Wahrnehmung von Frauen und Männern auf die Personalbeurteilung.* Download unter: http://www.hamburg.de/contentblob/118366/data/personalpolitik-5.pdf [Stand 25.10.2011].

Baumgarten, R. (1977), *Führungsstile und Führungstechniken.* Berlin.

Becker, F. (2002), *Lexikon des Personalmanagements* (2. Aufl.). München.

Becker, I. & Meyer-Kles, J. (2004), *Lieber schlampig glücklich als ordentlich gestresst. Wege aus der Perfektionismusfalle.* Frankfurt/M..

Bernardoni, C. & Werner, V. (Hg.). (1987), *Ohne Seil und Haken. Frauen auf dem Weg nach oben.* Bonn.

Berthel, J. (1995), *Personal-Management: Grundzüge für Konzeptionen betrieblicher Personalarbeit* (4. Aufl.). Stuttgart.

Beruf & Familie gGmbH (2011), *audit berufundfamilie.* Download unter: http://www.beruf-und-familie.de/index.php?c=21, [Stand: 25.10.2011].

Bierach, B. (2003), *Das herrschende Geschlecht. Warum Bosse zu Barbaren werden.* München.

Bierach, B. (2004), *Das dämliche Geschlecht. Warum es kaum Frauen im Management gibt.* München.

Bischof, N. (1980), »Biologie als Schicksal. Zur Naturgeschichte der Geschlechterrollendifferenzierung«, in N. Bischof & H. Preuschoft (Hg.), *Geschlechtsunterschiede – Entstehung und Entwicklung* (S. 25–42). München.

Bischoff, S. (2005), *Wer führt in (die) Zukunft? – Männer und Frauen in Führungspositionen der Wirtschaft in Deutschland – die 4. Studie.* Bielefeld.

Bischoff, S. (2010), *Wer führt in (die) Zukunft? – Männer und Frauen in Führungspositionen der Wirtschaft in Deutschland – die 5. Studie.* Bielefeld.

Bischof-Köhler, D. (1985), »Zur Phylogenese menschlicher Motivation«, in L. H. Eckensberger & E. D. Lantermann (Hg.), *Emotion und Reflexivität* (S. 3–47). München.

Bischof-Köhler, D. (1990a), »Frau und Karriere in psychobiologischer Sicht«, *Zeitschrift für Arbeit- und Organisationspsychologie, 34*, S. 17–28.

Bischof-Köhler, D. (1990b), »Zur Psychobiologie geschlechtstypischen Verhaltens: ›genetisch‹ bedingt, ›natürlich‹ bedingt – oder was?«, *Zeitschrift für Arbeit- und Organisationspsychologie, 34*, S. 202–204.

Bischof-Köhler, D. (1991), »Jenseits des Rubicon«, in E. P. Fischer (Hg.), *Mannheimer Forum 90/91. Ein Panorama der Naturwissenschaften* (S. 143–193). München.

Bischof-Köhler, D. (1993), »Geschlechtstypische Besonderheiten im Konkurrenzverhalten: Evolutionäre Grundlagen und entwicklungspsychologische Fakten«, in G. Krell & M. Osterloh (Hg.), *Personalpolitik aus Sicht der Frauen – Frauen aus Sicht der Personalpolitik* (2. Aufl., S. 251–281). Mering.

Blickle, G. & Boujataoui, M. (2005), »Mentoren, Karriere und Geschlecht: Eine Feldstudie mit Führungskräften aus dem Personalbereich«, *Zeitschrift für Arbeit- und Organisationspsychologie, 49*, S. 1–11.

Blickle, G. & Schröder, J. (1990), »Haben die Unterschiede in den Karrierechancen zwischen Mann und Frau eine psychobiologische Basis?«, *Zeitschrift für Arbeit- und Organisationspsychologie, 34*, S. 199–202.

Bortz, J. (1999), *Statistik für Sozialwissenschaftler* (5. Aufl.). Berlin.

Bothfeld, S., Klammer, U., Klenner, C., Leiber, S., Thiel, A. & Ziegler, A. (2006), *WSI-FrauenDatenReport 2005. Handbuch zur wirtschaftlichen und sozialen Situation von Frauen.* Reihe: Forschung aus der Hans-Böckler-Stiftung, Bd. 66. Berlin.

Bray, J. H. & Maxwell, S. E. (1985), *Multivariate analysis of variance.* Beverly Hills; CA.

Brumlop, E. (1992), »Frauen im Management: Innovationspotential der Zukunft? ›Neue Unternehmenskultur‹ und Geschlechterpolitik«, *Die Neue Gesellschaft/ Frankfurter Hefte, 39,* S. 54–63.

Bundesministerium für Familie, Senioren, Frauen und Jugend (2001), Der familienfreundliche Betrieb 2000: Neue Chancen für Frauen und Männer. Bonn: Infobonn.

Bundesministerium für Familie, Senioren, Frauen und Jugend (2007), Das neue Elterngeld – Umsetzung in der betrieblichen Praxis. Download unter: http://www.bmfsfj.de/BMFSFJ/Service/archiv.html [Stand 25.10.2011].

Condry. J. & Condry, S. (1976), »Sex differences: A study of the eye of the beholder«, *Child Development, 47,* S. 812–819.

Crosby, F. (1982), *Relative deprivation and working women.* New York.

Daly, M. & Wilson, M. (1983), *Sex, evolution and behavior.* Belmont, CA.

Davidson, M. & Cooper, C. (1983), *Stress and the woman manager.* New York.

Die Bundesregierung (2011), 4. Bilanz Chancengleichheit. Frauen in Führungspositionen. Download unter: http://www.bmfsfj.de/RedaktionBMFSFJ/Broschuerenstelle /Pdf-Anlagen/4-Bilanz-Chancengleichheit,property=pdf, bebereich =bmfsfj,sprache=de,rwb=true.pdf [Stand: 25.10.2011].

Dieckman, A. B. & Eagly, A. H. (2000), »Stereotypes as dynamic constructs: Women and men of the past, present and future«, *Personality and Social Psychology Bulletin, 26,* S. 1171–1188.

Dilger, A. & Juncke, D. (2006), »Neue Studien zeigen: Es rechnet sich doch«, *Personalmagazin. Management, Recht und Praxis, Heft 4/2006,* S. 32–34.

Domsch, M. & Regnet, E. (1990), »Personalentwicklung für weibliche Fach- und Führungskräfte«, in M. Domsch & E. Regnet (Hg.), *Weibliche Fach- und Führungskräfte: Wege zur Chancengleichheit* (S. 101–123). Stuttgart.

Doppler, K. & Lauterburg, C. (2006), *Change Management. Den Unternehmenswandel gestalten.* Frankfurt/M..

Eagly, A. H., Makhijani, M, M. G. & Klonsky, B. G. (1992), »Gender and the Evaluation of Leaders: A meta-analysis«, *Psychological Bulletin, 111,* S. 3–22.

Eagly, A. H. & Karau, S. J. (2002), »Role congruity theory of prejudice toward female leaders«, *Psychological Review, 109,* S. 573–598.

Eagly, A. H. & Carli, L. L. (2007), »Im Labyrinth der Karriere«, *Harvard Business Manager, 12,* S. 76–89.

Erler, G. (2001), »Work-Life-Balance: Die unsichtbare Revolution«, in D. Assig (Hg.), *Frauen in Führungspositionen. Die besten Erfolgsrezepte aus der Praxis* (S. 157–178). München.

Fernandez, J. P. (1981), *Racism and sexism in corporate life.* Toronto.

Fried, A., Wetzel, R. & Baitsch, C. (2000), *Wenn zwei das Gleiche tun. Diskriminierungsfreie Personalbeurteilung.* Zürich.

Friedel-Howe, H. (1990), »Ergebnisse und offene Fragen der geschlechtsvergleichenden Führungsforschung«, *Zeitschrift für Arbeits- und Organisationspsychologie, 34,* S. 3–16.

Friedel-Howe, H. (2003), »Frauen und Führung: Mythen und Fakten«, In L. v. Rosenstiel, E. Regnet & M. Domsch (Hg.). *Führung von Mitarbeitern. Handbuch für erfolgreiches Personalmanagement* (5. Aufl., S. 533–545). Stuttgart.

Fröse, M. W. (2009), »Mixed Leadership – Presencing Gender in Organisations«, In Fröse, M. W. & Szebel-Habig, A. (Hg.) (2009), *Mixed Leadership: Mit Frauen in Führung!* (S. 17–57). Berne.

Funken, C. (2011), *Managerinnen 50plus – Karrierekorrekturen beruflich erfolgreicher Frauen in der Lebensmitte.* Download unter: http://www.bmfsfj.de/Redaktion BMFSFJ/Broschuerenstelle/Pdf-Anlagen/Managerinnen-50-plus,property= pdf,bereich=bmfsfj,sprache=de,rwb=true.pdf [Stand 25.10.2011].

Gebert, D. (2002), *Führung und Innovation.* Stuttgart.

Gebert, D. & Rosenstiel, L. v. (2002), *Organisationspsychologie.* Stuttgart.

Geym, H. (1987), *Working together: Women and men.* London: European Women's Management Development Network.

Goldberg, P. (1968), »Are women prejudiced against women?«, *Transaction, 5,* S. 28–30.

Gravetter, F. J. & Wallnau, L. B. (2000), *Statistics for the behavioral sciences* (5th ed.). Belmont, CA: Wadsworth.

Grossmann, K. & Grossmann, K. E. (2004), *Bindungen. Das Gefüge psychischer Sicherheit.* Stuttgart.

Günther, S. & Gerstenmaier, J. (2005), *Führungsfrauen im Management: Erfolgsmerkmale und Barrieren ihrer Berufslaufbahn* (Forschungsbericht Nr. 175). München: Ludwigs-Maximilians-Universität, Department Psychologie, Institut für Pädagogische Psychologie.

Hadler, A. (1998), »Personalpolitik für weibliche und männliche Vorgesetzte: Verharren im ,So-als-ob'-Zustand der formalen Chancengleichheit oder Aufbruch zur Durchsetzung einer faktischen Gleichstellung?«, in G. Krell (Hg.). *Chancengleichheit durch Personalpolitik* (S. 349–367). Wiesbaden.

Hannover, B. & Kessels, U. (2003), »Erklärungsmuster weiblicher und männlicher Spitzen-Manager zur Unterrepräsentanz von Frauen in Führungspositionen«, *Zeitschrift für Sozialpsychologie, 34,* S. 197–204.

Hauschildt, J. (1997), *Innovationsmanagement* (2. Aufl.). München.

Heatherington, L. Daubman, K. A., Bates, C., Ahn, A., Brown, H. & Preston, C. (1993), »Two investigations of female modesty in achievement situations«, *Sex Roles, 29,* S. 739–754.

Henn, M. (2008), *Frauen und Führung – Was kennzeichnet Frauen in Führungspositionen,* Regensburg

Henn, M. (2009), »Frauen können alles – außer Karriere«, *Harvard Businessmanager, 03,* S. 56-61

Henn, M. (2010), »Wenn Frauen in Führung gehen«, *ApothekenManager, 01,* S. 11–14

Henn, M. (2011), *Frauen im Management: Performance-Steigerung durch Mobilisierung weiblicher Potentialträger.* Download unter: http://www.womenandwork.de/news /she-conomy/she-conomy-einzelansicht/?tx_ttnews%5Byear%5D=2011&tx_ ttnews%5Bmonth%5D=01&tx_ttnews%5Bday%5D=25&tx_ttnews%5Btt_ne ws%5D=46&cHash=b49cb428f96eee159de19c4ac504a2e0 [Stand 25.10.2011].

Hinterhuber, H. & Krauthammer, E. (1997), *Leadership, mehr als Management – was Führungskräfte nicht delegieren dürfen.* Wiesbaden.

Höhler, G. (2000), *Wölfin unter Wölfen. Warum Männer ohne Frauen Fehler machen*. München.

Höhler, G. (2002), »Geschlechterarrangement im Umbruch. Neue Bündnisse unter Wölfin und Wolf«, In S. Peters & N. Bensel (Hg.), *Frauen und Männer im Management* (2. Aufl., S. 105–120). Wiesbaden.

Hoff, E. H., Grote, S., Dettmer, S., Hohner, H.-U. & Olos, L. (2005), »Work-Life-Balance: Berufliche und private Lebensgestaltung von Frauen und Männern in hoch qualifizierten Berufen«, *Zeitschrift für Arbeits- und Organisationspsychologie, 49*, S. 196–207.

Hossiep, R. & Paschen, M. (2003), *BIP: Das Bochumer Inventar zur berufsbezogenen Persönlichkeitsbeschreibung* (2. Aufl.). Göttingen.

Hyde, J. (2005), »The gender similarities hypothesis«, *American Psychologist, 60*, S. 581–592.

Ibarra, H. (1992), »Homophily and differential returns: Sex differences in network structure and access in an advertising firm«, *Administrative Science Quarterly, 37*, S. 422–447.

IIR Deutschland GmbH (2007), *Ergebnisse der Muwit-Umfrage 2007: Personaler würdigen Work-Life-Balance*, Download unter: http://www.presseportal.de/pm /59290/949454/ergebnisse-der-muwit-umfrage-2007-personaler-wuerdigen-work-life-balance-erstes-herantasten-an [Stand: 25.10.2011]

Institut für Arbeitsmarkt- und Berufsforschung für Arbeit (IAB) (2006), *IAB-Führungskräftestudie: In der obersten Leitungsebene ist nur jede vierte Führungskraft eine Frau*. Download unter: http://doku.iab.de/kurzber/2006/kb0206.pdf [Stand: 25.10.2011].

Institut für Arbeitsmarkt- und Berufsforschung für Arbeit (IAB) (2011), *Ungenutzte Potenziale nutzen - Viele Frauen würden gerne länger arbeiten*. Download unter: http://doku.iab.de/kurzber/2011/kb0911.pdf [Stand: 25.10.2011].

Juncke, D. (2005), »Familienorientierte Personalpolitik. Nutzen statt ›nett sein‹«, in Industrie- und Handelskammer Nord Westfalen (Hg.): *Wirtschaftsspiegel*. Heft 4 / 2005. S. 32–33.

Kleber, M. (1993), »Arbeitsmarktsegmentation nach dem Geschlecht«, in G. Krell & M. Osterloh (Hg.), *Personalpolitik aus Sicht der Frauen – Frauen aus Sicht der Personalpolitik* (2. Aufl., S. 85–106). Mering.

Klenke, K. (1996), *Women and leadership. A contextual perspektive*. New York.

Knapp, G.-A. (1998), »Gleichheit, Differenz, Dekonstruktion: Vom Nutzen theoretischer Ansätze der Frauen- und Geschlechterforschung für die Praxis«, in G. Krell (Hg.). *Chancengleichheit durch Personalpolitik* (S. 73–81). Wiesbaden.

Korn/Ferry International (2007, January), Press Releases: 61 % of executives surveyed believe telecommuters are less likely to advance compared to employees working in traditional office settings. Download unter: http://www.kornferry. com /PressRelease/3382 [Stand: 25.10.2011]

Krell, G. (1993), »Wie wünschenswert ist eine nach Geschlecht differenzierende Personalpolitik?«, in G. Krell & M. Osterloh (Hg.), *Personalpolitik aus Sicht der Frauen – Frauen aus Sicht der Personalpolitik* (2. Aufl., S. 50–61). Mering.

Krell, G. (1997), »Mono- oder multikulturelle Organisationen? ›ManagingDiversity‹ auf dem Prüfstand«, in U. Kadritzke (Hg.), *»Unternehmenskulturen« unter Druck* (S. 47–66). Berlin.

Krell, G. (2002), »Diversity Management. Optionen für (mehr) Frauen in Führungspositionen«, in S. Peters & N. Bensel (Hg.), *Frauen und Männer im Management* (2. Aufl., S. 105–120). Wiesbaden.

Krell, G. (2004), *Chancengleichheit durch Personalpolitik. Gleichstellung von Frauen und Männern in Unternehmen und Verwaltungen. Rechtliche Regelungen – Problemanalysen – Lösungen.* (4., vollst. überarb. u. erw. Aufl.). Wiesbaden.

Krumpholz, D. (2004), *Einsame Spitze – Frauen in Organisationen.* Wiesbaden.

Kümmerling, A. & Hassenbrauck, M. (2001), »Schöner Mann und reiche Frau? Die Gesetze der Partnerwahl unter Berücksichtigung gesellschaftlichen Wandels«, *Zeitschrift für Sozialpsychologie, 32,* S. 81–94.

Kuppe, G. & Körner, K. (2002), »Gender Mainstreaming – Ein Beitrag zum Change Management in Politik und Verwaltung«, in S. Peters & N. Bensel (Hg.), *Frauen und Männer im Management* (2. Aufl., S. 199–210). Wiesbaden.

Liebold R. (2002), »Die Vereinbarkeit von Beruf und Familie aus männlicher Sicht«, in S. Peters & N. Bensel (Hg.). *Frauen und Männer im Management* (2. Aufl., S. 311–326). Wiesbaden.

Lueptow, L. B., Garovich, L. & Lueptow, M. B. (1995), »The persistence of gender stereotypes in the face of changing sex roles: Evidence contrary to the socialization model«, *Ethology and Sociobiology, 16,* S. 509–530.

Luszyk, D. (2001), »Geschlechtsunterschiede in Partnerwahlpräferenzen. Ein Beitrag zur Diskussion zwischen Evolutionspsychologie und Soziaökonomie«, *Zeitschrift für Sozialpsychologie, 32,* S. 95–106.

Lutz, A. (2005), *Praxisbuch Networking. Einfach gute Beziehungen aufbauen. Von openBC bis Visitenkartenpartys.* Wien.

Maume, D. J. (2004), »Is the glass ceiling a unique form of inequality? Evidence from a random-effects model of managerial attainment«, *Work and Occupations, 31,* S. 250–274.

McKinsey (2007), Performancesteigerung durch Frauen an der Spitze – Women Matter 1, Download unter: http://www.mckinsey.de/ html/publikationen/ women_matter/index.asp [Stand: 25.10.2011].

McKinsey (2008), Führungsstärken der Frauen – Women Matter 2, Download unter: http://www.mckinsey.de/ html/publikationen/women_matter/index. asp [Stand: 25.10.2011].

McKinsey (2009), Führungsqualitäten in der Krise – Women Matter 3, Download unter: http://www.mckinsey.de/ html/publikationen/women_matter/index. asp [Stand: 25.10.2011].

McKinsey (2010), Wie Gender Diversity im Topmanagement erreicht werden kann – Women Matter 4, Download unter: http://www.mckinsey.de/ html/ publikationen/women_matter/index.asp [Stand: 25.10.2011].

Morrison, A. M., White, R. P. & Van Velsor, E. (1992), *Breaking the glass ceiling. Can women reach the top of America's largest corporations?* (Updated Edition). Reading, MA.

Mueller, C. W. & Wallace, J. E. (1996), »Justice and the paradox of the contented female worker«, *Social Psychology Quarterly, 59,* S. 338–349.

Neuberger, O. (2002), *Führen und führen lassen* (6. Aufl.). Stuttgart.

Niederle, M. & Vesterlund, L. (2005), *Do women shy away from competition? Do men compete too much?* Download unter: http://www.stanford.edu/~niederle/ Niederle.Vesterlund.QJE.2007.pdf [Stand: 25.10.2011].

Olian, J. D., Schwab, D. P. & Haberfeld, Y. (1988), »The impact of applicant gender compared to qualifications on hiring recommendations: A meta-analysis of experimental studies«, *Organizational Behavior and Human Decision Processes, 41,* S. 180–195.

Öttl, C. & Härter, G. (2004), *Networking. Kontakte gekonnt knüpfen, pflegen und nutzen.* Hamburg.

Osterloh, M. & Littmann-Wernli, S. (2002), »Die ›gläserne Decke‹. Realität und Widersprüche«, in S. Peters & N. Bensel (Hg.), *Frauen und Männer im Management* (2. Aufl., S. 259–275). Wiesbaden.

Pazy, A. (1987), »Sex differences in responsiveness to organizational career management«, *Human Resource Management, 26,* S. 243–245.

Phelan, J. (1994), »The paradox of the contented female worker: An assessment of alternative explanations«, *Social Psychology Quarterly, 57,* S. 95–107.

Pircher-Friedrich, A. M. (2001), *Sinn-orientierte Führung in Dienstleistungsunternehmen – ein ganzheitliches Führungskonzept.* Augsburg.

Powell, G. N. (1993), *Women and men in management.* Newburg Park, CA.

Rastetter, D. (1994), *Sexualität und Herrschaft in Organisationen. Eine geschlechtervergleichende Analyse.* Opladen.

Regnet, E. (2003), »Der Weg in die Zukunft – Neue Anforderungen an die Führungskraft«, in L. v. Rosenstiel, E. Regnet & M. Domsch (Hg.), *Führung von Mitarbeitern: Handbuch für erfolgreiches Personalmanagement* (S. 47–59). Stuttgart.

Roberts, B. W., Walton, K. E. & Viechtbauer, W. (2006), »Patterns of mean-level change in personality traits across the life course: A meta-analysis of longitudinal Studies«, *Psychological Bulletin, 132,* S. 1–25.

Roberts, T.-A. (1991), »Gender and the influence of evaluations on self-assessments in achievement settings«, *Psychological Bulletin, 109,* S. 297–308.

Röhr-Sendlmeier (2009), »Berufstätige Mütter und die Schulleistungen ihrer Kinder« *Bildung und Erziehung, 2,* S.225–242.

Rosenstiel, L. v. (1986), *Frauen in Führungspositionen der Wirtschaft.* Unveröffentlichtes Arbeitspapier des Instituts für Absatz und Handel, Hochschule St. Gallen.

Rosenstiel, L. v. (2003a), *Grundlagen der Organisationspsychologie* (5. Aufl.). Stuttgart.

Rosenstiel, L. v. (2003b), »Grundlagen der Führung«, In L. v. Rosenstiel, E. Regnet & M. Domsch (Hg.). *Führung von Mitarbeitern: Handbuch für erfolgreiches Personalmanagement* (S. 3–24). Stuttgart.

Rosenstiel, L. v., Molt, W. & Rüttinger, B. (1988), *Organisationspsychologie.* Stuttgart.

Rühl, M. (2002), »Diversity in Deutschland in einem globalisierten Unternehmen. Neuausrichtung des Personalmanagements am Beispiel der Lufthansa«, in S. Peters & N. Bensel (Hg.), *Frauen und Männer im Management* (2. Aufl., S. 143–156). Wiesbaden.

Saleth, S. (2005), »Späte Mutterschaft – ein neuer Lebensentwurf?«, *Statistisches Landesamt Baden Würtemberg, Monatsheft 11,* S. 14–18.

Sarris, V. (1992), *Methodologische Grundlagen der Experimentalpsychologie. Bd. 2: Versuchsplanung und Stadien des psychologischen Experiments.* München.

Savin-Williams, R. C. (1979), »Dominance hierarchies in groups of early adolescents«, *Child Development, 50,* S. 923–935.

Savin-Williams, R. C. (1987), *Adolscence: An ethological perspective.* Berlin.

Schiersmann, C. (1993), »Doppelte Vergesellschaftung als Bezugspunkt der beruflichen Sozialisatoin von Frauen«, in G. Krell & M. Osterloh (Hg.), *Personalpolitik aus Sicht der Frauen – Frauen aus Sicht der Personalpolitik* (2. Aufl., S. 342–358). Mering.

Schmitt, K. (2006, April), »Titelthema Familienfreundlichkeit. Es ist ein absolutes Managementthema«, *Personalmagazin,* S. 24.

Schnatmeyer, D. (2003), *Frauen und Führung. Berufliche Segregation und neue Konzepte zur Chancengleichheit.* Download unter: http://www.die-bonn.de/weiterbildung/literaturrecherche/details.aspx?id=904 [Stand: 25.10.2011].

Schneewind, K. A. (1984), *Persönlichkeitstheorien.* Darmstadt.

Schütz, A. (1997), »Interpersonelle Aspekte des Selbstwertgefühles: Die Beschreibung der eigenen Person im sozialen Kontext«, *Zeitschrift für Sozialpsychologie, 28,* S. 92–108.

Schunter-Kleemann, S. (2001), »Doppelbödiges Konzept – Ursprung, Wirkungen und arbeitsmarktpolitische Folgen von ›Gender Mainstreaming‹«, *Forum Wissenschaft, Heft 2/2001,* S. 20–24.

Senge, P. M. (1996), *Die fünfte Disziplin.* Stuttgart.

Sieverding, M. (2003), »Frauen unterschätzen sich: Selbstbeurteilungs-Biases in einer simulierten Bewerbungssituation«, *Zeitschrift für Sozialpsychologie, 34,* S. 147–160.

Snyder, M. (1981), »On the self-perpetuating nature of social stereotypes«, in D. L. Hamilton (Ed.), *Cognitive processes in stereotyping and intergroup behavior* (pp. 183–212). Hillsdale, NJ.

Snyder, M. (1984), »When belief creates reality«, in L. Berkowitz (Ed.), *Advances in Experimental Social Psychology* (Vol. 18, pp. 247–305). New York.

Spreemann, S. (2000), *Geschlechtsstereotype Wahrnehmung von Führung. Der Einfluss einer maskulinen oder femininen äußeren Erscheinung.* Hamburg.

Sprenger, R. K. (2001), *Aufstand des Individuums. Warum wir Führung komplett neu denken müssen* (2. Aufl.). Frankfurt/M.

Sprenger, R. K. (2010) *Frauen können alles – wären da nicht die Männer.* Download unter: http://www.welt.de/die-welt/debatte/article6825317/Frauen-koennen-alles-waeren-da-nicht-die-Maenner.html [Stand: 25.10.2011].

Steffens, M. C. & Mehl, B. (2003), »Erscheinen »Karrierefrauen« weniger sozial kompetent als »Karrieremänner«? Geschlechterstereotypen und Kompetenzzuschreibungen«, *Zeitschrift für Sozialpsychologie, 34,* S. 173–185.

Stiegler, B. (2000), *Wie Gender in den Mainstream kommt. Konzepte, Argumente und Praxisbeispiele zur EU-Strategie des Gender Mainstreaming.* Bonn: Expertisen zur Frauenforschung.

Stroebe, W. & Insko, C. A. (1989), »Stereotype, prejudice and discrimination: Changing conceptions in theory and research«, in D. Bar-Tal, C. F. Graumann, A. W. Kruglanski & W. Stroebe (Eds.), *Stereotyping and prejudice. Changing conceptions* (pp. 3–34). New York.

Sutherland, E. & Veroff, J. (1985), »Achievement motivation and sex roles«, in V. E. O'Leary, R. K. Unger & B. S. Wallston (Eds.), *Women, gender, and social psychology* (pp. 101–127). Hillsdale, NJ.

Swim, J., Borgida, E., Maruyama, G. & Myers, D. (1989), »Joan McKay vs. John McKay: Do gender stereotypes bias evaluations?«, *Psychological Bulletin, 105,* S. 409–429.

Tabachnik, B. G. & Fidell, L. S. (2000), *Using multivariate statistics.* Boston.

Tajfel, H. (1969), »Cognitive aspects of prejudice«, *Journal of Social Issues, 25,* S. 79–97.

Top, T. J. (1991), »Sex bias in the evaluation of performance in the scientific, artistic, and literary professions: A review«, *Sex Roles, 24,* S. 73–106.

TOTAL E-QUALITY Deutschland e. V. (2011a), Das TOTAL E-QUALITY-Prädikat. Download unter: http://www.total-e-quality.de/de/das-praedikat.html [Stand: 25.10.2011].

TOTAL E-QUALITY Deutschland e. V. (2011b), Die Prädikatsträger. Download unter: http://www.total-e-quality.de/de/die-praedikatstraeger.html [Stand: 25.10.2011].

Wänke, M., Bless, H. & Wortberg, S. (2003), »Der Einfluss von Karrierefrauen auf das Frauenstereotyp. Die Auswirkungen von Inklusion und Exklusion«, *Zeitschrift für Sozialpsychologie, 34,* S. 187–196.

Weinert, A. (1990), »Geschlechtsspezifische Unterschiede im Führungs- und Leistungsverhalten«, in M. Domsch & E. Regnet (Hg.), *Weibliche Fach- und Führungskräfte: Wege zur Chancengleichheit* (S. 35–66). Stuttgart.

Wippermann, C. (2010), *Frauen in Führungspositionen: Brücken und Barrieren,* Download unter: http://www.sinus-institut.de/fileadmin/dokumente/downloadcenter/Soziales_und_Umwelt/Frauen_in_Fuehrungspositionen__Gesamtbericht_deutsch.pdf [Stand: 25.10.2011].

Wunderer, R. (2000), *Führung und Zusammenarbeit. Eine unternehmerische Führungslehre.* Neuwied.

Wunderer, R. & Dick, P. (1997), *Kompetenzen Führungsstile Fördermodelle.* Neuwied.

Wunderer, R. & Grunwald, W. (1980), *Führungslehre. Bd. I: Grundlagen für Führung.* Berlin.

Politik der Geschlechterverhältnisse

Anne Brüske, Isabel Miko Iso,
Aglaia Wespe, Kathrin Zehnder,
Andrea Zimmermann (Hg.)
Szenen von Widerspenstigkeit
Geschlecht zwischen Affirmation,
Subversion und Verweigerung
2011, 308 S., Band 48, ISBN 978-3-593-39451-0

Karin Schwiter
Lebensentwürfe
Junge Erwachsene im Spannungsfeld
zwischen Individualität und
Geschlechternormen
2011, 270 S., Band 47, ISBN 978-3-593-39428-2

Gundula Ludwig
Geschlecht regieren
Zum Verhältnis von Staat, Subjekt
und heteronormativer Hegemonie
2011, 280 S., Band 46, ISBN 978-3-593-39411-4

Heike Raab
Sexuelle Politiken
Die Diskurse zum Lebens-
partnerschaftsgesetz
2011, 352 S., Band 45, ISBN 978-3-593-39302-5

Dominique Grisard
Gendering Terror
Eine Geschlechtergeschichte des
Linksterrorismus in der Schweiz
2011, 345 S., Band 44, ISBN 978-3-593-39281-3

Susanne Lettow
Biophilosophien
Wissenschaft, Technologie und
Geschlecht im philosophischen
Diskurs der Gegenwart
2011, 326 S., Band 43, ISBN 978-3-593-39295-0

Otto Penz
Schönheit als Praxis
Über klassen- und geschlechtsspezifische Körperlichkeit
2010, 205 S., Band 42, ISBN 978-3-593-39212-7

Sabine Strasser,
Elisabeth Holzleithner (Hg.)
Multikulturalismus queer gelesen
Zwangsheirat und gleichgeschlecht-
liche Ehe in pluralen Gesellschaften
2010, 370 S., Band 41, ISBN 978-3-593-39172-4

Christa Binswanger,
Margaret Bridges, Brigitte Schnegg,
Doris Wastl-Walter (Hg.)
Gender Scripts
Widerspenstige Aneignungen
von Geschlechternormen
2009, 279 S., Band 40, ISBN 978-3-593-39014-7

Doris Allhutter
Dispositive digitaler Pornografie
Zur Verflechtung von Ethik,
Technologie und EU-Internetpolitik
2009, 315 S., Band 39, ISBN 978-3-593-38858-8

campus
Frankfurt · New York

**Mehr Informationen unter
www.campus.de/wissenschaft**

Aktuelle Themen

Joachim Raschke, Ralf Tils
**Politik braucht Strategie –
Taktik hat sie genug**
Ein Kursbuch
2011, 263 Seiten
ISBN 978-3-593-39420-6

Christoph Butterwegge
Armut in einem reichen Land
Wie das Problem verharmlost und verdrängt wird
2., aktual. Auflage 2011, 391 Seiten, ISBN 978-3-593-39381-0

Harald Welzer, Hans-Georg Soeffner, Dana Giesecke
KlimaKulturen
Soziale Wirklichkeiten im Klimawandel
2010, 304 Seiten, ISBN 978-3-593-39195-3

Jutta Allmendinger
Verschenkte Potenziale?
Lebensverläufe nicht erwerbstätiger Frauen
2010, 198 Seiten, ISBN 978-3-593-39266-0

**Mehr Informationen unter
www.campus.de/wissenschaft**

Frankfurt · New York